让男孩拥有远大理想的68个成功榜样

徐井才◎主编

新 华 出 版 社

图书在版编目（CIP）数据

让男孩拥有远大理想的 68 个成功榜样/徐井才主编．
—北京：新华出版社，2012.12(2023.3重印)
（越读越聪明书系）
ISBN 978—7—5166—0210—2—01
Ⅰ.①让… Ⅱ.徐… Ⅲ.①男性—成功心理—青年读物
②男性—成功心理—少年读物 Ⅳ.①B848.4—49
中国版本图书馆 CIP 数据核字（2012）第 288515 号

让男孩拥有远大理想的 68 个成功榜样

主　　编： 徐井才

封面设计： 睿莎浩影文化传媒　　**责任编辑：** 江文军

出版发行： 新华出版社
地　　址： 北京石景山区京原路 8 号　　**邮　　编：** 100040
网　　址： http：//www.xinhuapub.com
经　　销： 新华书店
购书热线： 010—63077122　　**中国新闻书店购书热线：** 010—63072012

照　　排： 北京东方视点数据技术有限公司
印　　刷： 永清县晔盛亚胶印有限公司

成品尺寸： 165mm×230mm
印　　张： 12　　**字　　数：** 160 千字
版　　次： 2013 年 3 月第一版　　**印　　次：** 2023年3月第三次印刷
书　　号： ISBN 978—7—5166—0210—2—01
定　　价： 36.00 元

第一章 自强不息——获得成功的坚实基石

第二章 坚定执著——获得成功的必需态度

第三章 目标明确——获得成功的主要前提

第四章 善于学习思考——获得成功的秘密武器

第五章 严于律己——获得成功的关键秘诀

第六章 勇于创新——获得成功的重要条件

第七章 珍惜时间——获得成功的必要因素

第八章 沉着冷静——获得成功的心理因素

第一章

自强不息——获得成功的坚实基石

以前的我

老师让我帮助同学补习数学。

我愁眉苦脸地坐在教室里。

现在的我

我相信我会完成老师交给我的任务。

同学的成绩有很大提高，我们俩都很高兴。

以前的我

我走在回家的路上，被一个高年级同学欺负。

我害怕地躲在小巷的角落。

现在的我

我抬起胸膛，勇敢地面对欺负我的同学。

以后，他再也不敢欺负我了。

以前的我

学校组织小志愿者活动。

同学要我参加志愿者活动，我连忙拒绝。

现在的我

我积极踊跃地参加志愿者活动。

我和其他的小志愿者获得了人们的表扬。

以前的我

与其他同学相比，我的个子很矮。

我望着高高的篮球筐发呆。

现在的我

我认真地练习投篮动作。

在篮球场上，我得了很高的分数。

我总是不能抵御零食的诱惑，也拒绝不了动画片对我的吸引，每一次在学习上遇到什么困难，我都给自己找借口，不敢去面对；在生活中，我也是遇到困难就退缩，生怕自己处理不好会被人笑话。这一切的小毛病，我知道都是不好的。因此，从现在开始，我要从每一件小事做起，培养自己自强不息的坚定信念，努力成为一个真正的小男子汉！

1. 当别的同学欺负我的时候，我不再忍气吞声，我要想出更好的解决办法。

2. 积极参加班干部竞选活动，树立自己在同学中的威信。

3. 对同学、朋友的一些不合理要求，我一定要大声地说“不”。

4. 遇到一些难办的事情时，尽量自己想办法解决。

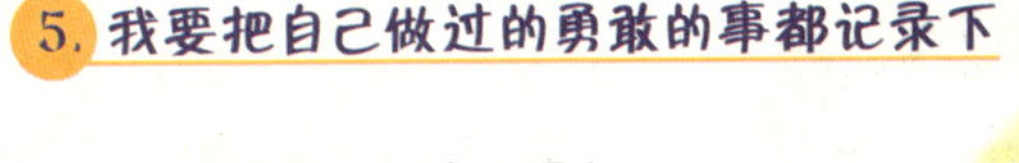

5. 我要把自己做过的勇敢的事都记录下来，随时翻阅，给自己勇气。

战胜自卑的周星驰

鲜花与掌声从来都被年轻人全力追逐，在茶楼当过跑堂、在电子厂当过工人的周星驰也不例外，他在中学时期就梦想有一天能主演一部电影。然而现实与梦想之间的距离总是很遥远，周星驰在电影剧组的第一个工作是杂役，干些诸如帮人买早点、洗杯子之类的事情，根本没有机会参加演出。

3年之后，周星驰才开始饰演一些仅有几句台词或根本就没有台词的小角色，如果在今天仔细观看那部曾轰动一时的古装武打连续剧《射雕英雄传》，就会在里面找到他的影子：一个只在画面上闪现了几秒钟的无名侍卫，最后以死亡结束了他匆匆的亮相。

然而，没有导演看重外型瘦弱另类的他，因为观众的鲜花与掌声只献给美女与英雄。失落之余，他转行做儿童节目主持人，一做就是4年，他以独特的主持风格获得孩子们的喜欢。但是当时却有记者写了一篇《周星驰只适合做儿童节目主持人》的报道，讽刺他只会做鬼脸、瞎蹦乱跳，根本没有演电影的天赋。

这篇报道深深刺激了周星驰，他把报道贴在墙头，时刻提醒和勉励自己一定要演一部像样的电影，于是重新走上了跑龙套的道路，虽仍要忍受冷眼与呼来唤去，仍是演出那些一闪而过的小角色，但他紧紧抓住每次出演的机会，拼尽全力展示最独特的自己，就像一束一束的瑰丽烟火冲向漆黑的夜空。一年之后，也就是1987年，他在真正意义上参演了第一部剧集《生命之旅》，虽然差不多还是跑龙套，但是终于有了飞翔的空间。从此，他开始用一个小人物的卑微与善良演绎自己的人生传奇。

经历过在最底层的挣扎，拍完50多部喜剧作品之后，周星驰成为大众心目中的“喜剧之王”。从20世纪90年代至今，他的影片年年入选十大票房，他成为香港片酬最高的演员之一。好莱坞翻拍他的电影，意大利举办“周星驰电影周”向他致敬，他独创的“无厘头”表演风格，成为香港甚至全世界通俗文化的重要一环。

在央视专访节目中，周星驰不无自嘲地回忆了走过的路程：有些人说我最辛酸的经历是扮演《射雕英雄传》里面一个被人打死的小兵，但是我记得这好像不是，还有更小的角色，剧名至今也不清楚，只知道应该不是现代的，因为穿古装。一大帮人，我站在后面，镜头只拍到帽子与后脑勺。那种感觉对我来说相当重要，因为这使我对小人物的百情百味刻骨铭心。

人生其实就是这样，充满了光荣与失落，梦想与挫折，奇迹与艰辛。没有人生下来就是大明星，但即使是扮演再普通的小角色，也要用心把他演得最出色。饱尝世事辛酸，最后终于站在自己梦想舞台巅峰之上的周星驰，用他的经历告诉我们：卑微是人生的第一堂课，只有上好这一堂课，才有机会使自己的人生光彩夺目。

成长课堂

每个人都有尊严，每个人都必须维护自己的尊严，同时也要维护别人的尊严。尊严，是每个人生存的底线。不管社会角色是卑微还是高贵，每个人都有不可剥夺的尊严。

男子汉宣言

从现在起，我要为自己制定一个成就未来的目标。

永不放弃的哈伦德·山德士

肯德基的创始人哈伦德·山德士原本像其他孩子一样，生活在一个虽不富裕但是却很幸福的家庭中，父母对他十分疼爱。但是不幸的是，在他刚刚5岁的时候，父亲就在一次意外中离开了人世，而母亲在不久之后因为不堪生活的重负也改嫁他人。小小年纪的哈伦德从此以后就没有人照顾了，所以，13岁他就辍学，开始到处流浪。

在流浪期间，他几乎从来没有穿过一件干净漂亮的衣服，甚至都没有吃过一顿饱饭。为了维持生计，他不得不寻找各种各样的工作来做。他曾经当过餐馆的杂工，也当过汽车清洁工，在农忙季节他还到农场谋一份工作。在他16岁的时候，军队来招募士兵，虽然还不到规定的年龄，但是他还是通过谎报年龄的方式参了军。军队生活虽然枯燥无味，但是却锻炼了他的身体和意志。在服役期满之后，他利用在军队中学习的技术开了一个简陋的铁匠铺，由于竞争激烈，在不久之后铁匠铺就关门大吉了。

他的生活几乎又回到了参军以前，不甘现状的哈伦德·山德士又通过自己的勤劳肯干谋得了一份在铁路上当司炉工的工作，而且不久以后，他就因为工作表现好从临时工变成了一名正式工。哈伦德·山德士感到从未有过的高兴，因为他觉得自

己终于找到了一份安定的工作，可以结束飘浮不定的生活了。

但是好景不长，在经济大萧条前夕，他失业了，而当时他的妻子刚刚怀孕。更不幸的是，就在他的事业处于低谷之时，妻子也离开了他。他到处寻找工作，却到处碰壁，但是他从来没有放弃对生活的希望。这段时间，他不得不从事多种工作，如推销员、码头工人、厨师等，但是无论哪种工作都不能长久，他不得不一次一次地更换工作以维持自己的生活。其实在这期间，他也试着自己开过加油站或经营其他小生意，但是均以失败告终。后来他的朋友们都劝他不要再折腾了，认命吧，你已经老了。

哈伦德·山德士从来没有认为自己已经老了，所以对于朋友的劝告一直不予理会。直到有一天当邮递员给他送来一张属于他自己的第一份社会保险支票时，他才意识到原来自己真的老了。也许真如朋友所说，认命吧，折腾了一辈子都没有折腾出什么成就，现在已经老到了领社会保险的时候了，难道还不放弃吗？哈伦德·山德士曾多次这样问过自己，但是每次他给自己的答案都是“绝对不能放弃”。

之后，他就用那张105美元的社会保险支票创办了闻名全球的肯德基快餐店，终于在他88岁的耄耋之年迎来了欣欣向荣的伟大事业。

成长课堂

我们遭遇的重重困难，并不是为了给我们一个放弃奋斗的理由，而是要给我们接近成功的阶梯，正是一次次的失败和尝试，让自强不息、不肯放弃的人们更加接近成功，也正是这些困难促使他们获得更多的成就。

男子汉宣言

困难不是让我放弃的借口，而是促使我进步的动力。

像水一样流淌的陈忠实

从小，他就有从大学中文系到职业作家的绚丽规划，然而，命运和他开了一个玩笑。

1955年，他的哥哥要考师范了，但是，父亲靠卖树的微薄收入根本无法供兄弟俩一起读书，父亲只好让年幼的他先休学一年，让哥哥考上师范后他再去读书。看着一向坚强、不向子女哭穷的父亲如此说，他立刻决定休学一年。不过，就是这停滞的一年，让他的命运有了改变。1962年，他20岁高中毕业。“大跃进”造成的大饥荒和经济困难迫使高等学校大大减少了招生名额。1961年这个学校有50%的学生考取了大学，一年之隔，四个班考上大学的人数却成了个位数。他面前的这座高考大山又增高很多，结果，成绩在班上数前三名的他名落孙山。

高考结束后，他经历了青春岁月中最痛苦的两个月，几十个日夜的惶恐紧张等来的是一张不被录取的通知书，所有的理想，前途和未来在瞬间崩塌。他只盯着头顶的那一小块天空，天空飘来一片乌云，他的世界便暗淡了。他不知所措，六神无主，记不清多少个深夜，从用烂木头搭成的临时床上惊叫着跌到床下。

沉默寡言的父亲开始担心儿子“考不上大学，再弄个精神病怎么办?”就问他：“你知道水怎么流出大山的吗?”他茫然地摇摇头。父亲缓缓说道：“水遇到大山，碰撞一次后，不能把它冲垮，不能越过它，就学会转弯，绕道而行，借势取径。记住，困难的旁边就是出路，是机遇，是希望！”父亲又说：“即便流动过程中遇见了深潭，即便暂时遇到了困境，只要我们不忘流淌，不断积蓄活水，奔流，就一定能够

找到出口，柳暗花明。”

一语惊醒梦中人。

1962年，他在西安郊区毛西公社将村小学任教；1964年，他在西安郊区毛西公社农业中学任教；后来，又历任文化馆副馆长、馆长。1982年，他终于流出大山。进入陕西省作家协会工作。1992年，正是这40年农村生活的积累，使他写出了大气磅礴、颇具史诗品位的《白鹿原》。

他就是陈忠实。

以后有人问他：“怎么面对困难与挫折?”老先生总淡淡地说：“像水一样流淌。”

像水一样流淌，这是岁月积淀的智慧。遇见困难，努力了，无法消灭它，不如像流水一样，在大山旁边寻找较低处突围，依山而行，借势取径。只要我们不忘努力，不断奔突，也一样能够走出困境，到达远方，实现梦想。

成长课堂

命运似乎喜欢和有梦想的人开玩笑，总是把他的梦想放在最远处，让他去追逐。但是他没有因此而放弃，对于文学的喜爱让他锲而不舍地追逐了四十多年，最终他终于成为一个大文豪。梦想再远，只要你勇于追求，也一定会实现!

男子汉宣言

就算梦想看起来很远，我也要努力去追逐。

罗伯斯：每个生命都是一种行走

罗伯斯是古巴著名的田径运动员，他被誉为古巴运动史上最伟大的英雄。在巴黎黄金联赛上，他创造了12秒88的成绩，一举打破了刘翔所保持的世界纪录。

然而很少有人知道，两个月前，他有一次死里逃生的经历。

罗伯斯对旅游情有独钟。2008年5月，他认为时机终于到了。背上厚厚的旅行包，他坐上了到埃及的飞机。下了飞机，他选择了一路小跑。凭着良好的身体素质，不出半日，他就前进了30英里。

中午，他简单地吃了一点儿干粮，准备继续前行。按照计划，他将在晚上6点到达金字塔。然而，一股巨大的旋风竟然在他身后500米外形成，并以箭一般的速度向他扑来，来不及思索，他本能地往下面一倒，但还是没能避免被卷入。

半个小时后，他才从昏迷中醒过来，他被带到了另一片沙漠里，除了一瓶水和一些散落的饼干，他发现风暴什么也没给他留下。更为糟糕的是，他迷了路，他不知道眼前这一片浩瀚的沙漠，他何时能走出去。

吃了一点儿饼干，等身体恢复些力气，他开始起身。为了节省体力，他不得

不放慢速度。下午，天气变得异常炎热，他渴得厉害，但一直忍着，只有在感觉难以支持的情况下，才小心翼翼地打开水瓶，轻微抿一口，然后，快速地盖上。一个下午加一个晚上，他不知道自己走了多远，第二天天亮的时候，他依然看不见尽头。前后左右，都只有讨厌的黄沙相伴。为了生存，他不得不把自己的尿液装在瓶子里。至于吃的，他只得寻找沙漠里那些仅存的稀有小草，抹一把就塞进嘴里。

就是在这样恶劣得让人难以置信的环境里，罗伯斯整整坚持了十天。最后一天行走时，他突然看见沙坡的对面有个巨大的湖泊。几乎是伴随着一声尖叫，他像狼一样奔过去。前面是一段水草地，他大踏步走过去，他没意识到灾难再次来临。直到身体猛然往下面沉，他才慌了，他越是挣扎，就陷得越厉害。

他脑子里立刻冷静下来，尽量把身体展开，以此增大身体的浮力。五分钟后，他听到不远处有人说话的声音。他大声呼叫起来，很快他就听到了对方的回答。他以英语回复了他们的叫喊。他得救了。

面对闻讯而来的媒体，他深有感触地说："这10天比我20年的收获还要多。我永远都不知道出路会落在脚下的哪一步，所以我只得向前，再向前。我至此才深深明白，其实，每个生命都是一种行走，坚持走下去，方才有自己的出路，做人是这个道理，做事也是这样！"

成长课堂

向前，再向前，无论摆在你面前的是挫折、苦痛，还是阻碍。只有不断地行走，不断地向前，才能走出人生路上的困境，才能找到自己的出路，最终走出属于自己的一片天空。如果每个人都拥有这样的信念，又会有什么困难能战胜我们呢？

男子汉宣言

无论遇到什么困难，都要勇往直前，去战胜这些拦路虎！

林肯：你要一双鞋子 给你一双袜子

圣诞节前夕，已经晚上11点多了，街上熙熙攘攘的人群稀疏了许多。忙碌了一天的史密斯夫妇送走了最后一位来鞋店里购物的顾客。透过通明的灯火，可以清晰地看到夫妻二人眉宇间那锁不住的激动与喜悦。

史密斯夫人开始熟练地做着店内的清扫工作，史密斯先生则走向门口，准备去搬早晨卸下的门板。他突然在一个盛放着各式鞋子的玻璃橱前停了下来——透过玻璃，他发现了一双孩子的眼睛。

史密斯先生急忙走过去看个仔细：这是一个捡煤屑的穷小子，约摸八九岁光景，衣衫褴褛，冻得通红的脚上穿着一双极不合适的大鞋子，满是煤灰的鞋子上早已“千疮百孔”。他看到史密斯先生走近了自己，目光便从橱子里做工精美的鞋子上移开，盯着这位鞋店老板，眼睛里饱含着一种莫名的希冀。

史密斯先生俯下身来和蔼地搭讪道：“圣诞快乐，孩子，请问我能帮你什么忙吗？”

男孩儿并不作声，眼睛又开始转向橱子里擦拭得锃亮的鞋子，好半天才应道：“我在乞求上帝赐给我一双合适的鞋子，先生，您能帮我把这个愿望转告给他吗？”

正在收拾东西的史密斯夫人这时也走了过来，她先是把这个孩子上下打量了一番，然后把丈夫拉到一边说：“这孩子蛮可怜的，还是答应他的要求吧？”史密斯先生却摇了摇头，不以为然地说：“不，他需要的不是一双鞋子，亲爱的，请

你把橱子里最好的棉袜拿来一双，然后再端来一盆温水，好吗？”水端来了，史密斯先生搬了张小凳子。示意孩子坐下，然后脱去男孩儿脚上那双布满尘垢的鞋子，他把男孩儿冻得发紫的双脚放进温水里，揉搓着，并语重心长地说：“孩子真对不起，你要一双鞋子的要求，上帝没有答应你，他讲，不能给你一双鞋子，而应当给你一双袜子。”男孩儿脸上的笑容突然僵住了，失望的眼神充满不解。

史密斯先生急忙补充说：“别急，孩子，你听我把话说明白，我们每个人都会对心中的上帝有所乞求，但是，他不可能给予我们现成的好事，就像在我们生命的果园里，每个人都追求果实累累，但是上帝只能给我们一粒种子，只有把这粒种子播进土壤里，精心去呵护，它才能开出美丽的花朵，到了秋天才能收获丰硕的果实。另外，上帝还让我特别叮嘱你：他给你的东西比任何人都丰厚，只要你不怕失败，不怕付出！”脚洗好了，男孩儿若有所悟地从史密斯夫妇手中接过“上帝”赐予他的袜子，像是接住了一份使命，迈出了店门。

一晃30多年过去了，又是一个圣诞节，年逾古稀的史密斯夫妇早晨一开门，就收到了一封陌生人的来信，信中写道：您还记得30多年前那个圣诞节前夜，那个捡煤屑的小伙子吗？他当时乞求上帝赐予他一双鞋子，但是上帝没有给他鞋子，而是别有用心地送了他一双袜子和一番比黄金还贵重的话。正是这样一双袜子激活了他生命的自信与不屈！他当上了美国的第一位共和党总统。

信末的署名是：亚伯拉罕·林肯！

成长课堂

生活的财富不是来源于别人的施舍，而是要用自己的双手来创造。上天不可能给你所有的东西，如果你想要什么，就要自己去努力争取。不要将梦想寄托在别人身上，只有自己那颗充满自信与不屈的心灵才是你的上帝。

男子汉宣言

我要依靠自己的力量去获得梦想的东西！

打好人生烂牌的林文贵

1973年，他出生于台南小镇一个普通的家庭。高中时，他似一匹脱缰的野马，逃课、逃家、飙车样样来，每天在游乐场和撞球间混，他甚至瞒着父亲“拒绝联考”，被发现后离家出走，把父亲气到快进精神病院。从此，他干搬运工、水泥工、货车司机，到处打零工养活自己。

21岁后，他和好友合伙做生意，但没一个生意超过半年。两年后，他进入一家公司卖韩国现代汽车，每天上班都迟到。兼职创业的他又被合伙人骗走了100多万新台币，心情沮丧到了极点。在社会大学里跌跌撞撞了几年，他幡然醒悟，人生不可以再荒唐下去！

然而，他手中拿到的却是一副烂牌——有多烂？

第一张烂牌——他没有富爸爸，且只有高中学历。

第二张烂牌——现代汽车在台湾顾客满意度排名中倒数第二名。

第三张烂牌——现代汽车的销售量倒数第一。

第四张烂牌——公司财务状况不佳。他服务的公司连续多年亏损，财务危机不断。

第五张烂牌——销售据点在穷乡僻壤。他所在的营业处位于台南县佳里镇，居民不到6万人。他决心要在这片贫瘠的小池塘里当王。

一开始，他得面对销售弱势品牌的挑战，因为品牌不强，客户很容易变卦，那一年，他连年终奖金都没有领到。但他没有被打倒，他激励自己：“好卖的车，谁都会卖。如果我卖别

人不想卖的车，就很少有人和我抢客户，我就有更多机会。”

山穷水尽之时，他信奉最伟大的汽车销售员乔·吉拉德的“250定律”：满意的顾客会影响250人，抱怨的顾客也会影响250人。这后来成为他制胜的秘籍。凭着憨直、真诚、“被拒绝九次仍不放弃”的付出，他赢得了客户的信任。很多客户变成他的铁杆儿“业务员”，来帮他卖车，甚至有一位半身不遂的客户，只剩下一张嘴巴能动，还在帮他介绍客户。

2005年，他竟然卖出205辆汽车，平均1.8天一部车！创下台湾有史以来年度最高汽车销售纪录。那一年，他的年收入高达560万元(新台币)。

他就是台湾销售员的天王——林文贵。2007年9月中旬，他成为第一届《商业周刊》“超级业务员大奖”金奖得主。评委给出的评语是：“他就像生长在悬崖上的兰花，没有土，没有水，悬崖上的风还很大，自己却从细缝中活出精彩”。

上帝给予谁的都不会很多。人生中真正重要的不是我们手中握一把什么样的牌，而是如何去打。有了正面的思考、积极的心态和不懈的努力，即便我们连一张好牌都没有，也能靠自己一路打出好牌，更能从一片恶土上开垦出一座漂亮的花园。

成长课堂

命运给了林文贵一手的烂牌，他却用自己自强不息的精神打出了好牌。我们没有办法改变上帝给予我们的安排，但我们可以用积极的心态与不懈的努力改变这一切，从而成为真正的胜利者。

纵使有再多的不利条件，都不能成为我躲避困难的借口！

永远不说“不”的约翰·库缇斯

约翰·库缇斯出生在澳大利亚一个平民家庭。他出生时只有矿泉水瓶那么大，脊椎以下没有发育，双腿像青蛙那样细小，而且没有肛门。经过手术，他也只能痛苦地排便，医生断言他活不过当天。但是，他挣扎着活了下来。医生再次断言他活不过一个星期，可是一个星期后他仍然活着。一个月后，一年后，他依然活着，一次又一次地打破了医生的预言。如今，尽管孱弱无比，时刻面临死亡，但他已经成为世界上最著名的励志大师之一。

面对残酷的人生，面对真实的生活，他从很小的时候起，就开始承受常人难以理解的磨难。

在18岁时，他决定将自己不能发挥作用的双腿截掉，这样他就成为了真正的“半个人”。后来，他学会了用双手走路。他笑着说，自己看得最多的风景就是各种各样的腿、鞋子和女孩儿的裙子。

尽管有人对他说，没有人会责怪他什么也不做，但是，他下决心成为一个自食其力的人。他认为懒惰并不是他的强项，他要发挥自己的优势生存。他几乎趴在滑板上开始找工作。他大概敲开了数千家店门，尽管有的人打开门以后都没有发现趴在滑板上的他，但他最终还是找到了工作。他终于能够自食其力。

尽管失去了双腿，他仍然决心成为一个运动健将。他开始出现在室内板球俱乐部里，并成为举重场上的运动员。他的命运开始转变。1994年，他成为澳大利亚残疾人网球赛的冠军，对于所有的嘲笑和侮辱，约翰·库缇斯用骄人成绩作了回击。

一次偶然的机会，一场公众演讲彻底改变了他的人生。他开始到讲台上去讲述自己的人生经验，讲述自己的拼搏和挣扎，给他人以启迪。一次，他问自己的听众：“有多少人不喜欢自己的鞋子？”听众中有些人举起了手臂。他的眼神变得锐利，语气也变得严肃，他举起自己的红色橡胶手套，说：“这就是我的鞋子，有谁愿意和我换？就算我拥有全世界的财富，我也舍得和你换。现在，你们谁还抱怨自己的鞋子呢？”

30岁时，约翰·库缇斯再度遭受了残酷的打击。他罹患癌症，又一次面临死亡的考验。但是，他从未对生活失去信心，坚持和病魔进行顽强地抗争。2000年，他再一次战胜了死神，进入癌症痊愈者的行列。如今，他已经拥有了一个美满的家庭，拥有了太太和儿子。

约翰·库缇斯一直都说：即使我们的人生不完美，也永远不要对自己说“不”。这个世界总是充满着伤痛和苦难，比苦难更强大的是我们顽强的意志。只要心灵不哭泣，完满的生活就会拥抱我们。

成长课堂

不断遭遇重创，都没有让他放弃对美好生活的追求，在重重的苦难面前，他从来没有让自己放弃，即便是在别人眼里不完美的人生，也让他描绘得多姿多彩，这种勇气和精神是多么值得我们钦佩和学习！

男子汉宣言

困难重重，也不能让我说“不”；道路坎坷，也不能让我放弃努力。

水上神豪菲尔普斯

迈克尔·菲尔普斯已经被一些人视为他所从事的运动历史上最伟大的全能运动员。

迈克尔·菲尔普斯出生于1985年6月30日。他的父亲曾是一名优秀运动员，并将这种才能传给了自己的孩子们。尽管开始时十分犹豫不决，但迈克尔最终还是跟随他的两个姐姐走入了游泳池。

1996年，迈克尔·菲尔普斯11岁的时候，他的教练鲍曼发现他具有奥运冠军的素质。鲍曼说："你会看到他总是迫不及待地跳入水中，他给自己的压力远远超过别人对他的要求，我尽量做到不喜形于色，尽管我为他的表现感叹不已。"鲍曼注意到菲尔普斯能轻松学会别的少年所不能掌握的技巧，这位教练知道他面对的是一位游泳天才，于是他对菲尔普斯的父母说："迈克尔天赋极佳，他的潜力是无限的。"

在1999年的美国少年运动会上，迈克尔打破了20岁年龄组200米蝶泳的纪录。15岁时，迈克尔作为美国68年以来最年轻的奥运游泳选手参加了悉尼奥运会。在西班牙巴塞罗那的世界游泳锦标赛期间，迈克尔成了泳坛的谈论中心。他以杰出的表现6次获得奖牌，并创造了5项世界纪录。迈克尔以新的世界纪录摘得200米蝶泳的金牌，并在100米蝶泳及200米个人混合泳两个项目中创造了新纪录——这些记录是在同一天创下的，这是世界游泳比赛史上的头一次。

菲尔普斯认为他的成功很大部分要归功于训练。从高中毕业后，大多数时间都是从早晨5点钟开始长达两个半小时的训练，中餐后稍稍打个盹，然后接着游，一直从下午3点半到6点。总之，他每天游的距离多达12英里，他说："我知道没有人比我训练更刻苦。"

菲尔普斯训练如此刻苦是因为他憎恨失败。他7岁开始游泳，但直到11岁教练鲍曼和他父母谈过以后才开始认真对待这项运动。他回忆说：“如果没有发挥自己的最佳水平，我就会不停地去想它，上学的时候想，和朋友在一起的时候想。这样会让我发疯的。”一次，12岁的菲尔普斯输给了一个和他同龄的男孩儿，他厌恶地抓掉对方的护目镜，一下子扔过游泳池的平台。教练鲍曼告诉他，下次如果再输给同龄孩子，他不允许出现类似的行为。鲍曼说：“他克服了这个坏毛病，因为从此他再也没有输给任何同龄的游泳选手了。”

迈克尔·菲尔普斯是当今泳坛最出色的全能型游泳选手。15岁时他成为入选美国奥运游泳队最年轻的选手，并在悉尼奥运会上获得200米蝶泳的第五名。之后，菲尔普斯就开始了在世界泳坛掠金夺银的惊人之旅：2006年泛太平洋赛男子400米个人混合泳和4×200米自由泳接力冠军，男子200米蝶泳冠军，4×100米自由泳接力冠军并打破世界纪录，200米个人混合泳冠军并打破世界纪录。2007年墨尔本世锦赛200米、400米混合泳冠军；100米、200米蝶泳冠军；200米自由泳冠军；4×100米、4×200米自由泳接力冠军，并五破世界纪录。

2008年北京第二十九届奥运会上，男子菲尔普斯成功地打破了前辈施皮茨单届奥运会获得7金的纪录，独揽8枚金牌，成为了水立方最大的赢家。

成长课堂

被喻为“飞鱼”的菲尔普斯之所以能够称霸泳坛，是因为他的刻苦训练，也是因为他憎恨失败。其实，失败是每个人都有过的经历，关键在于你选择什么样的方式去面对它。用自己的努力、坚强去面对，必然会创造出你的辉煌！

男子汉宣言

在失败面前，每个人都可以成为强者，只要你拥有坚定的毅力！

肯尼迪：一生与疾病作斗争

有这样一位病恹恹的美国人。

3岁时，得了严重的猩红热，在医院一躺就是数月，后来靠着一剂强心针，勉强摆脱了死神的纠缠。

18岁时，他又染上了一种怪病，住进波士顿的一家医院。在写给朋友的信中，身心俱疲的他流露出了绝望："也许，明天你就得参加我的葬礼了！"

26岁时，他通过隐瞒病史参加了海军。在与日本人的一场海战中，他所在的军舰不幸被击沉。他最后靠身边的一块木板捡回了一条命，但却落下了更严重的后遗症。

30岁时，他去英国出远差，突发虚脱昏倒在一家旅馆里。当时，英国最高明的医生断言他"最多只能活1年"。

37岁时，他身上多种病症并发，长时间卧床不起。

可就是这样一位从小到大百病缠身、快要接近废人的人，却从平民百姓起步，从工人、军人、作家再到议员，一步一个脚印，在43岁那年，成为美国历史上最年轻的总统，他就是约翰逊·肯尼迪。

很难想象，在公众场合精力充沛、风流倜傥的肯尼迪竟然是个药罐子。而事实的确如此，在他各个发病期的主治医生都见证了这一点，同时，他们也见证了肯尼迪各个发病时期孜孜不倦的勤奋：病床上，他的身边随时堆满了书籍和笔记本，35岁那年，他在病床上创作的描写二战期间的专著《勇敢者》，荣获了当年的普利策奖；即使当了总统之后，有时病得无法办公，他也会躺在疗养室的温水池里阅文件、下指示……因为疾病无时无刻不让他感受到死亡的威胁，这种威

胁又无时无刻不让他感觉到时光的宝贵，因此，在有限的46年生命中，他废寝忘食、快马加鞭，成为美国历史上最有影响力的总统之一，被许多人誉为“与时间赛跑的人”，这不能不说是一个奇迹。

男孩卡片

太阳风

太阳上还会刮风？其实太阳风是一种连续存在，来自太阳并以200-800km/s的速度运动的等离子体流。这种物质虽然与地球上的空气不同，不是由气体的分子组成，而是由更简单的比原子还小一个层次的基本粒子——质子和电子等物质组成，但它们流动时所产生的效应与空气流动十分相似，所以称它为太阳风。太阳风有两种：一种持续不断地辐射出来，速度较小，粒子含量也较少，被称为“持续太阳风”；另一种是在太阳活动时辐射出来，速度较大，粒子含量也较多，这种太阳风被称为“扰动太阳风”。

按常理，身体是革命的本钱，疾病对一个人而言，就意味着事业的停滞；而肯尼迪的人生却向人们昭示了疾病的另一面。我们有比肯尼迪更好的身体条件和更多的时间，我们所欠缺的，是较量困难的斗志，以及把握光阴的自觉性。肯尼迪的奋斗经历，无疑可以成为一面镜子。

成长课堂

疾病是痛苦的代表，它的另一面是什么？是隐藏起来的成功与人生的另一座高峰！而只有拥有与病痛斗争的意志，我们才能登上这座高峰。肯尼迪的一生是不断与疾病斗争的一生，更是让人惊叹、让人赞赏的一生！

男子汉宣言

病弱的身体不能成为我们前进的阻碍，我们要勇于同疾病作斗争！

在逆境中奋发向上的马尔克斯

加西亚·马尔克斯是哥伦比亚著名作家，1982年诺贝尔文学奖得主，《百年孤独》的作者。当他被全球18位权威文学评论家推选为当今世界最伟大的10位作家之首的时候，面对报界的采访的他，却说了一段出人意料的话："我非常感谢诸位尊敬的文学评论家对我的厚爱和鼓励，我非常珍惜随着我的声誉而来的各种荣耀。但是，我更珍惜从我童年起就经受的种种打击，挫折乃至失败。我至今仍然清楚地记得伟大的编辑吉列尔莫·德托雷先生，是他毫不留情地退回了我的第一部小说……"

原来，早在40多年前，马尔克斯22岁那一年，呕心沥血完成了他的第一部小说《枯枝败叶》。今天的文学评论家对这部书的评价非常之高，但是在当时，他的这部书稿却屡遭厄运。当他把这部书稿送到阿根廷布宜诺斯艾利斯著名的洛萨达出版社后不久，便收到该社审稿编辑，西班牙著名文学评论家吉列尔莫·德托雷寄来的退稿，其中还附有一条措辞生硬的评语："此书毫无价值，但艺术上似乎有可取之处。"

另外，这位伟大的编辑还忠告作者最好改行从事其他更有价值的工作。在这位伟大的编辑眼里，马尔克斯在文学方面不是天才，而是个庸才。这样的打

击对年轻的马尔克斯来说无疑是沉重的，当他收到这位编辑的退稿信时，就好像被迎头泼下了一盆冷水一样。但是他并没有被这盆冷水浇灭希望的火焰，他依旧不想放弃自己对文学的追求。

马尔克斯说德托雷是伟大的编辑是出自内心的。在他看来，德托雷伟大就伟大在他硬是逼出了世界上最伟大的作家。他的退稿，反倒把马尔克斯逼上梁山。这样的退稿信成了马尔克斯努力的动力，当他看到这封信，就好像看到了别人对他的嘲笑，这是他无法容忍的，他要用最好的作品来证明。他不服气，在挫折与失败面前，咬紧牙关，迎风而上，最终攀登了世界文学的高峰。

无数成功者并没有超常的智能，也不是没有经历过失败，而是相信必将战胜挫折，迎来成功。那些不够坚强的人，当逆境来临时，就会承认自己的失败；而假如我们足够坚强，就该明白，我们就是为经历这些逆境而来的，我们更应该在逆境中奋发向上。

要知道，每个人都是自己命运的主宰者，无论是在逆境还是在顺境之中，人生之舵完全由自己掌握。

成长课堂

在收到退稿信之后，马尔克斯的创作心理肯定与之前大不相同，从前那个充满热情的年轻人开始变得稳重，他的创作进行得更加扎实，而他的成就也在这些打击中显得更加耀眼了。做自己命运的主人，才能坚强地面对人生的风浪！

即使身处逆境，我也要自强不息，不被困难打倒！

梁冠华：做一盏省油的灯

从小，父亲对他就特别严厉，因此造成了他内心的不自信，凡事不敢主动靠前，所以他似乎也就习惯了被冷落、被泼冷水。

上初一的时候，他因为在学校参加了宣传队演话剧而对表演产生了兴趣。高二那年，看到北京人艺演员培训班招生的消息，他偷偷前去报考，在1700多名考生中，他幸运地被录取了。

可是他考上人艺时，因为比同龄人长得壮，有人说他："胖墩墩的也就演个小地主什么的，演不了小生。"这盆冷水并没有泼得他放弃努力。在他学习期间，北京人艺的好多老演员还活跃在舞台上，他就经常去跑龙套，不是举着根木杆子，把自己也戳在台上像木杆一样纹丝不动，就是劲头十足地把自己也当做手里擎着的大旗一样在台上呼啦啦地转。当龙套自然是被冷落的，但没人注意的他正好可以坐在侧幕偷偷细看老艺术家们的表演。

毕业后，他又跑了七八年龙套。因为他的用心"偷艺"，虽然长得胖的确影响他饰演角色，但在老一辈艺术家退休之后，他竟然接连成功地接替他们主演那几部经典传统大戏：《茶馆》中的王利发——于是之的代表作，《蔡文姬》中的曹操——刁光覃的代表作……在人艺被人直呼为"胖子"的他，硬是演出了这些剧中人物的神韵。他那精湛的演技让人忽略了他的胖体型。

在话剧舞台上，他痛快淋漓地施展着自己的表演天赋；但当他想向影视界进军时，他的体型却真的让他备受冷落，没有投资人和导演敢冒险用他做主角。1998年，电视剧《贫嘴张大民的幸福生活》选主角时，因为人艺的老艺术家修宗迪的极力推荐，导演沈好放把他列入饰演张大民的候选名单

里。但是投资方却担心他的体型不吸引观众，要他减肥，并且还要先拍出一集来看看，为的就是让他知难而退，自动放弃。

面对别人的不信任，他决心争口气，节食加锻炼，一个半月硬是减了三十多斤。后来他因主演《贫嘴张大民的幸福生活》一炮打响，还因此获得2002年中国电视“飞天奖”，走到大街上，人家都直接叫他“张大民”。其实，他叫梁冠华。

“张大民”火了之后，梁冠华又接连演了《神探狄仁杰》里的狄仁杰、《一帘幽梦》里面的太监安德新、《星火》里的地主老财何念祖……他塑造的这些新形象入木三分，一次又一次地深入人心。

如果当年梁冠华因为胖而备受冷落时，不默默坚持磨炼演技，恐怕就不能成为今日人们所喜爱的大明星了。这让我想起陆游在《老学庵笔记》里对“省油灯”的一段叙述：“夹灯盏也，一端作小窍注清冷水于其中，每夕一易之。寻常盏为火所灼而燥，故速干，此灯不然，其省油几半。”意思是说，省油灯的奥秘就在于它是有夹层的，因为在夹层里注入了清水，就避免了因灯盏本身受热而导致灯油加速蒸发，因而才可以省很多油。所以，做人就应该像梁冠华那样，做一盏省油的灯，将挫折与泼来的冷水当做一件降温的好事，使自己的头脑更清醒，积蓄更多的能量，从而更持久地燃烧。

成长课堂

大海如果失去巨浪的翻滚，就会失去雄浑；沙漠如果失去飞沙的狂舞，就会失去壮观；人生如果仅求过得安稳、一帆风顺，生命也就失去了存在的魅力。挫折是人生路上不可避免的障碍，但它并不意味着终点，而是走向成功的垫脚石。

男子汉宣言

我要将挫折和困难踩在脚下，勇敢地追求自己的梦想！

传奇赛车手——吉米·哈里波斯

有一个年轻人，从很小的时候起，他就有一个梦想——希望自己能够成为一名出色的赛车手。他在军队服役的时候，曾开过卡车，这对他熟练驾驶技术起到了很大的帮助作用。

退役之后，他选择到一家农场里开车。在工作之余，他仍一直坚持参加一支业余赛车队的技能训练。只要有机会遇到车赛，他都会想尽一切办法参加。因为得不到好的名次，所以他在赛车上的收入几乎为零，这也使他欠下一笔数目不小的债务。

那一年，他参加了威斯康星州的赛车比赛。当赛程进行到多一半的时候，他的赛车位列第三，他有很大的希望在这次比赛中获得好的名次。

突然，他前面那两辆赛车发生了相撞事故，他迅速地转动赛车的方向盘，试图避开他们。但终究因为车速太快未能成功。结果，他撞到车道旁的墙壁上，赛车在燃烧中停了下来。当他被救出来时，手已经被烧伤，鼻子也不见了。体表烧伤面积达40%。医生给他做了7个小时的手术之后，才使他从死神的手中挣脱出来。

经历这次事故，尽管他命保住了，可他的手萎缩得像鸡爪一样。医生告诉他说：“以后，你再也不能开车了。”

然而，他并没有因此而灰心绝望。为了实现那个久远的梦想，他决心再一次为成功付出代价。他接受了一系列植皮手术，为了恢复手指

的灵活性，每天他都不停地练习用残余部分去抓木条，有时疼得浑身大汗淋漓，而他仍然坚持着。他始终坚信自己的能力。在做完最后一次手术之后，他回到了农场，换用开推土机的办法使自己的手掌重新磨出老茧，并继续练习赛车。

仅仅是在9个月之后，他又重返了赛场！他首先参加了一场公益性的赛车比赛，但没有获胜，因为他的车在中途意外地熄了火。不过，在随后的一次全程200英里的汽车比赛中，他取得了第二名的成绩。

又过了2个月，仍是在上次发生事故的那个赛场上，他满怀信心地驾车驶入赛场。经过一番激烈的角逐，他最终赢得了250英里比赛的冠军。

他，就是美国颇具传奇色彩的伟大赛车手——吉米·哈里波斯。当吉米第一次以冠军的姿态面对热情而疯狂的观众时，他流下了激动的眼泪。一些记者纷纷将他围住，并向他提出一个相同的问题："你在遭受那次沉重的打击之后，是什么力量使你重新振作起来呢？"

此时，吉米手中拿着一张此次比赛的招贴图片，上面是一辆赛车迎着朝阳飞驰。他没有回答，只是微笑着用黑色的水笔在图片的背后写上一句凝重的话：把失败写在背面，我相信自己一定能成功！

成长课堂

一个赛车手的前途看似被无情的命运给拦截了，目标远不可及，甚至已经是不可能了，但是对于赛车的热爱让他不能停止前进的脚步，他冲破了阻拦，最后获得胜利。失败无法阻拦意志坚强者前进的脚步。

男子汉宣言

一心朝着自己的目标迈进的人，任何的力量都无法阻止。

读了这么多精彩的故事，和故事中的主人公比起来，你觉得自己能成为一个自强不息的小男子汉吗？不妨来训练营锻炼一下自己吧！

朝鲜的奥斯特洛夫斯基

朝鲜有位作家叫朴泰源，因为经常夜以继日、通宵达旦地工作，他的视力急剧下降。医生告诉他，他患的是双眼视神经萎缩和色素性视网膜炎，并劝他该停下手中的工作，休息、检查、治疗。但他却怎么也放不下手中写着的书，他觉得自己不能让工作半途而废。他决心争分夺秒地和黑暗来临之前的时间比赛。视力越降越低，不幸的时刻终于来临了。一天，他正在洒满阳光的书房里专心整理资料，突然感到眼前一片黑暗。他明白了，自己此刻已完全失明了。

你知道，在这种情况下，朴泰源是如何做的吗？

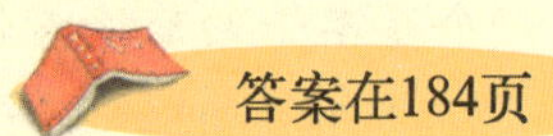
答案在184页

《沉着的小英雄》答案：

他用5毛钱买了1支儿童彩笔，5毛钱买了4张“红塔山”的包装盒。在火车站的出口，他举起一张牌子，上书“出租接站牌(1元)”几个字。5个月后，“接站牌”由4张包装盒发展为40只用锰钢做成的可调式“迎宾牌”，火车站附近有了他的一间房子。之后他用1万元购买了3万只花盆。第二年春天，他的栽着草莓的花盆也进了城。不到半个月，他将1万元变成了30万元。1995年，深圳海关拍卖一批无主货物，有1万只全是左脚的耐克皮鞋，他作为唯一的竞标人，以极低的拍卖价买下了它。1996年，在蛇口海关已存放了一年的无主货物——1万只全是右脚上的耐克鞋急着处理，他得知消息，以残次旧货的价格把它们拉出了海关。这次无关税贸易，使他成为商业奇才上了香港《商业周刊》的封面。现在他作为欧美13家服饰公司的亚洲总代理，正在力主把深圳的一条街变成步行街。

第二章

坚定执著——获得成功的必需态度

以前的我

我愁眉苦脸地做着数学作业。

不会做的题目，我容易放弃。

现在的我

我积极地向别人请教问题。

虽然很难，但我仍将作业都做完了。

以前的我

我为自己制订了晨练计划。

跑步只坚持了2天，我就无法再坚持。

现在的我

我坚持每天早晨跑步。

我的身体变得很健康。

以前的我

老师让我们利用假期做好两个车模。

我趴在一堆零件上。

现在的我

虽然有些累，但我仍坚持做车模。

我高兴地望着做好的两个车模。

以前的我

我决定像刘翔那样，做个跨栏冠军。

我的目标好像总在变化。

现在的我

我决定做一个游泳运动员。

每周我都去练习游泳。

什么样的人才能把梦想实现？什么样的人才能获得最终的成功？我一直在思索这个问题，因为我自己也有很多的梦想和目标，但总是想一想就忘记，坚持不到实现它的那一天。我发现那些实现梦想的人，不仅仅是有远大的理想，更重要的是他们对这些理想有坚定的信念和执著的付出。现在我也要这样要求自己，成为一个优秀的小男子汉！

1. 制订了学习英语的计划，所以我每天晚上都要坚持记单词。

2. 做作业的时候，我不能总挑简单的做，遇到难题也不再惧怕了。

3. 这一学期我要提高自己的学习成绩，所以我要坚持每天都认真看书。

4. 虽然画出一幅好的油画很难，但是只要我坚持下去，就一定可以成功。

5. 就算别人都觉得我唱歌不好听，只要我坚持练习，就一定可以唱好。

托斯卡尼尼的良机

意大利歌剧团在经理加洛·罗希的带领下来巴西进行巡回演出。为了吸引观众，罗希聘请了巴西著名的音乐家莱奥波尔多·米盖尔做乐队指挥。但除了指挥外，乐队的其他成员都是意大利人。

剧团首场演出的第一个剧目《浮士德》被当地媒体批得一无是处。乐队成员抱怨巴西指挥态度傲慢，才能平庸，导致演出失败；而巴西的米盖尔也不示弱，第二天就在各大报纸上发表公开信说："那些外国人(指意大利乐手)自满而懒惰，还对我出言不逊。"这位巴西指挥声明从当日起退出巡回演出活动。

当天下午是巡演第二场，剧目是《阿依达》，节目单早已印发，多数巴西人几天前就买好了票。当时，米盖尔在里约热内卢很有威望，听说自己喜爱的指挥愤然辞职，观众把矛头指向了"那些外国人"。意大利人对米盖尔不敬，就是对巴西的蔑视。于是原本温文尔雅的歌剧迷一反常态，嚷着要退票。

按计划，乐队指挥的位置由指挥助理代替。助理来到舞台前的乐池。台下传出沙沙的响声，观众都在翻节目单，找关于他的介绍："助理指挥，森普蒂……"一个意大利人的名字！

还没等森普蒂站稳，观众席上响起了此起彼伏的口哨声。森普蒂气愤地掷下指挥棒，离开了乐池。台下更是群情激愤。

现在，乐队只好由歌剧团经理罗希来指挥。为了缓解气氛，他小心翼翼地拨开幕布。又是一阵沙沙声，节目单上写着："经理：罗希"。还是个意大利名

字！罗希也被嘘声淹没，灰溜溜地逃回后台。在后台，歌剧演员们在哭泣，经理罗希烦躁地踱着步。突然，有人说："让他试试看，节目单上没印他的名字。而且整场歌剧的曲子他都记得！"那个"他"只有19岁，是坐在乐队后排的一个大提琴手。男孩儿的位置是如此微不足道，演出前甚至有朋友对他说："反正你在最后一排，而且只需要合奏时拉几下琴，开个小差没人知道。不如趁机去逛逛里约热内卢夜景。"但出于责任感，男孩儿没有溜走。现在这位默默无闻的大提琴手被推上了指挥台。观众把注意力集中在这个清瘦的男孩儿身上。"他是谁？"节目单沙沙地响了半天，但演员介绍里根本没他的名字。"找不到，也许是个巴西人吧？"台下的谩骂声减弱了一些。

忽然，男孩儿在众目睽睽之下挥手合上了面前的乐谱。"什么？他全凭记忆指挥！"观众惊呆了，全场顿时鸦雀无声，随后《阿依达》的前奏在剧场中低沉、缓慢地响起。一个音乐史上的传奇也从此诞生了。

演出结束后，巴西观众发现年轻的指挥其实也是个意大利人。但太晚了，他们已经被他的才华深深打动，他的国籍早就不重要了。那场歌剧更令整个音乐界轰动，为了听他指挥的歌剧，很多人甚至从其他国家赶往巴西。不知名的大提琴手一炮打响——他就是20世纪最伟大的指挥家之一：阿尔图罗·托斯卡尼尼。

使托斯卡尼尼成功的，不仅是天赋，也不光是好运气，还有他的敬业精神。

成长课堂

我们总是在不断充实自己，等待机遇。当很多事情变得一团糟的时候，不要放弃，因为陷入困境往往意味着另一个机会的开始，只要抓住它，我们所付出的耐心、等待和坚持就会获得回报。

男子汉宣言

困难重重，当遇到困难时，我要继续坚持，等待机遇的降临！

执着的邮差薛瓦勒

薛瓦勒是一个乡村的邮差。虽然他的工作很辛苦，工资很少，但是他每天勤勤恳恳地工作，总是把信件及时送到人们的手中。有一天，他在山路上被一块石头绊倒了。他发现绊倒他的石头形状很特别，于是，他便把石头放在了自己的邮包里。

当他把信送到村子里时，人们发现他的邮包里除了信之外，还有一块沉甸甸的石头。大家觉得很奇怪，便问他为什么要带着这么沉的一块石头走。薛瓦勒取出那块石头，向人们炫耀："你们看，这是一块多么美丽的石头啊，它的形状这么特别，你们以前一定没有见过这样的石头。"

人们听到他这么说，便开始笑他："这样的石头山上到处都是，你带着这么沉的石头到处走，负担多重啊，不如把它扔了吧。如果你想要捡这样的石头，山上足够你捡一辈子了。"

薛瓦勒不理会人们的取笑，不肯扔掉那块美丽的石头。他晚上回到家，躺在床上，脑海里忽然冒出这样一个念头：要是我能够用这样美丽的石头建造一个城堡，那该有多美啊！

从那以后，薛瓦勒每天除了送信之外，都会带回一块石头。过了不久，他收集了一大堆千姿百态的石头。可要建造一座城堡，这些石头还远远不够。

薛瓦勒意识到，每天收集一块石头的速度太慢了。于是，他开始用独轮车送信，这样每天送信的同时，他可以推回一车子石头。

薛瓦勒的行为在人们看来简直是疯了。无论是他的石头还是他的城堡，都受到了人们的嘲笑。可他丝毫没有理会人们诧异的目光。

在二十多年的时间里，薛瓦勒每一天都找石头、运石头和搭建城堡，在他的住处周围，渐渐出现了一座又一座的城堡，错落有致，风格各异。有清真寺式的，有印度神庙式的，有基督教堂式的……

1905年，薛瓦勒的城堡被法国一家报社的记者发现并撰写了一篇介绍文章。一时间，薛瓦勒成为新闻人物。许多人都慕名前来观赏薛瓦勒的城堡，甚至连当时最有声望的毕加索大师都专程赶来参观。如今，薛瓦勒的城堡已经成为法国最著名的风景旅游点之一，被命名为“邮差薛瓦勒之理想宫”。据说，城堡入口处就是当年绊倒薛瓦勒的那块石头，石头上还刻着一句话：我想知道一块有了愿望的石头能够走多远。

你的心能够走多远，你的脚就能够走多远。如果你把自己的心灵禁锢起来，那你的脚步就会停滞不前。很多时候，别人的看法并不重要，重要的是你的选择。世上没有做不到的事，只有不敢去设想所以不能实现的愿望。

成长课堂

一块小小的石头，因为有了梦想，便变得与众不同。如果没有对自己的梦想有执著的力量，也不会轻易取得成功。有梦想，加上执著地付出，必将获得一个美好的成功。

男子汉宣言

不能因为渺小，就放弃对梦想的追求，只要执著向前，小梦想也可以有大成功。

快乐男声吉杰

小时候的吉杰爱听歌，更爱唱歌。可是，出生在军人家庭的他，由于家庭的反对，不得不放弃自己的音乐梦想。为了不让严厉的父亲发现，吉杰会趁父亲外出时，打开收音机听一会儿自己喜欢的歌曲，然后再等父亲回到家之前马上关掉。

即使这样，也没有抑制住他对音乐的渴望，俗话说，兴趣是人生最好的老师。虽然没有经过专业的训练，吉杰还是通过对音乐的热忱和不断的自我培养，挖掘出自身音乐的潜能。

离开家到北京求学后，他有了更多的自由空间。也是在这时，他的歌唱技巧逐渐地成熟起来。经常会有朋友赞美他的音乐才华，每当听到鼓励，吉杰儿时的梦想就会蠢蠢欲动。当快乐男声在全国各地广发英雄贴时，已经在500强外企工作的吉杰决定抓住时机，实现他的梦想。

吉杰选择了南京唱区参加海选，在顺利地获得了评委组颁发的直接晋级通行证——红领巾的同时，还得到了评委成方圆老师的极高评价：当初怎么没有去当

拳击

拳击是戴拳击手套进行格斗的运动项目。拳击被称为“勇敢者的运动”。早在古希腊和罗马时代就有许多有关拳击的生动记载。最早的拳击规则是1729至1750年称霸英国拳坛的杰克·布荣顿于1743年制定的。拳击在国际上分业余与职业两种比赛。奥运会举行的拳赛属于业余性质，职业拳手不得参加业余拳赛。在世界拳击运动中属于领先地位的国家有美国、古巴、英国和俄国。拳击运动要求运动员具有力量、耐力、速度、灵活、凶猛、协调、果断和勇敢等素质。

歌手？

评委老师的肯定犹如一支强心剂，给了吉杰巨大的鼓励，让他在接下来的比赛中更加挥洒自如，并一举夺得了南京赛区的总冠军。虽然接下来的比赛与他的工作冲突，而且外界一致称其近30岁年龄的“高龄”，不适合继续参加比赛，但他还是决定参加全国总决赛。

吉杰回到快乐男声的舞台，犹如一个奇迹。在全国总决赛的赛场上，他更是披荆斩棘，越战越勇。如今，他已跻身快乐男声全国五强，有更多的人认识了这名勇敢的“快乐男生”。

吉杰的成功说明了，真正的职业兴趣和勇气对于一个人职业转型的重要意义。在面对社会舆论的压力的时候，他没有选择放弃。即使已近而立之年，他依然迈出了坚定的一步，继续在快乐男声的舞台上完成他的音乐梦想。

如果对自己还有梦想，就要勇敢地去实现，用勇气来改写人生的遗憾。一双奋飞的翅膀不可能轻而易举地得到。在那个艰难时刻的等待和坚持，才是成就生命的必需。

成长课堂

成功的道路上，困难并不一定是坏事，某种意义上来说也正是苦难成就了我们的成功，如果一路顺风，也许我们只会离成功越来越远，正是因为过程的艰难，才让我们变得更加坚强，也让成功变得美丽。

男子汉宣言

把对困难的恐惧心换成对困难的感恩之心，要感谢这些困难让我更坚强。

华人篮球之王：姚明

4岁生日时，姚明得到了他生命中的第一个篮球。

这时，他的身高已接近1米30，鞋号也达到了34码。已经有人预感到，这个孩子将有继承父母事业的可能。但是，当姚志源把这份生日礼物拿到姚明面前时，姚明却并未表现出浓厚的兴趣，只是玩儿了两下就扔在了一旁。姚志源夫妇也不以为意。姚明的母亲说："后来时常有人问起，我和姚明他爸爸都是打篮球的，为什么我们在他小时候从来没有教过他？这个理由很简单，我们当时没有想过让他像我们一样也打篮球。我们当了几十年运动员，深知运动员的苦处，我们不希望儿子也受这份苦。"

在姚明从幼儿园进入小学一年级期间，他那令人惊叹的身高增长速度曾经吸引了方凤娣的同事、上海体委科研组教练邵冠群的注意。于是每周日上午，姚明有2个小时要跟随邵冠群拉拉韧带，做做球操。

回头来看，与邵冠群在一起的这段时间，应该可以算作姚明对篮球的原始接触。但邵冠群对姚明的兴趣，却只维持了不到半年，这项每周日上午的练习就此无疾而终。

为了让儿子保持一定的运动量，好长得更壮实一些，方凤娣又找到当时田径队的陈妙龄指导，希望姚明能够跟着田径队练一练。只看了几天，陈妙龄就对方凤娣说："大方啊，你这儿子练田径肯定不行。"方凤娣说："我知道，反正我们也不想让他搞专业出成绩，就是练练身体就行。"

在当时的那群练田径的小伙伴中，姚明个头最高，但速度几乎是最慢的，跳远和跳高也比不过别人。所有的这些都证明，姚明的篮球之路绝不是早就设计好的，而是一种成长中的归结。

在当时的情况下，没有人相信，以姚明的运动天分，能够成为未来的篮球明星，即使他后来进入上海东方队后，球打得也不是一帆风顺。

2001年3月21日，那一天上海东方队主场输给八一火箭，在总决赛中1比3落败。在胜利的人群背后，姚明悄悄走到父母面前，张开双臂搂住母亲说："妈妈，今天是你生日，我真想赢这场球，拿冠军来献给你。"方凤娣说："当时，我忘了那天是我的生日，姚明跟我说那番话的时候，我只觉得喉头一阵发紧。"

然而，姚明没有放弃，他一直都在坚持训练，努力提高自己，因为他知道会有达成自己心愿的那一天，他一定要把胜利作为送给母亲的礼物。2002年的春天，当上海东方再次与八一在总决赛中相遇，姚明的父母没有前往宁波客场，他们不想在儿子的肩头再加上任何的压力。4月19日，他们和球迷一起在电视前见证了上海篮球历史性的一刻：上海东方队赢了！姚明赢了！

从此，姚明的球技一路攀升，在他不懈的坚持下，他也越走越远，作为中国篮球的代表人物一直打到了NBA，成为国人的骄傲。这一路走来的艰辛他从不和人说，但是又有谁能忽略他走过的每一步都滴满了汗水呢？

成长课堂

每一个人的成功都是来之不易的，姚明虽然拥有了比一般人都高的身材，但如果没有他的努力与坚持，那他也只能是人群中的一个大个子而已。把中国篮球引领走向世界不是空口说来的，而是要通过无数的汗水和付出，对于姚明来说，也许身高只是他成功的一小部分，更大的一部分来自于他自强不息的努力过程。

男子汉宣言

让我获得成功的最大因素，应该是我的努力。

威廉姆斯的奥运传奇

看过电影《泰坦尼克号》的观众，也许还记得这个情节：一个年轻人为拯救一名被困的乘客，用肩膀撞开舱门。这是在泰坦尼克号海难事件发生中的一个真实故事。撞开舱门救人的那个年轻人真实的名字叫理查德·诺利斯·威廉姆斯，他是一名美国网球运动员；当泰坦尼克号沉没之后，威廉姆斯是700余名幸存者之一。更加令人惊奇的是，在泰坦尼克海难事件发生12年后，威廉姆斯以世界冠军的身份，站在1924年第8届巴黎奥运会网球男女混合双打的最高领奖台上。

威廉姆斯，1891年出生在日内瓦，从小就酷爱网球运动。当年21岁的威廉姆斯乘坐泰坦尼克号的目的，是随父亲皮尔斯·威廉姆斯回美国定居，并准备进入看中他网球天赋和不凡家境的哈佛大学学习。他们的舱位是舒适豪华的头等舱。威廉姆斯父子坐在舒适的沙发上，品尝晚餐后的红酒，突然，一阵剧烈的震动打破了这一切。威廉姆斯父子意识到这是一场灾难的时候，开始迅速行动，寻找逃生之路。寻找逃生之路的过程中，小威廉姆斯并没有忘记帮助他人，所以发生了被电影描写的那一幕。

威廉姆斯奋力挣扎，游到20多米后，抓住了一条破损救生船，在这条救生船上，威廉姆斯和其他30余人拥挤着站在冰水之中。6小时后，这艘小船上的人被救生船救起。由于在冰水里泡得太久，威廉姆斯的腿部已经全部冻坏。医生认为如果要生存下来就必须进行截肢手术。21岁的威廉姆斯对医生说：无论如何，都不能失去我的双腿！

经过治疗，威廉姆斯的腿奇迹般地保住了，一个月后，他就出院了，步入哈佛大学学习，同时他的球技也突飞猛进。

这年年末，威廉姆斯与玛丽·布朗在美国公开赛混合双打网球赛中第一次夺得冠军，同时威廉姆斯还被授予“英雄恢复奖”。1913年，他入选第14届戴维斯杯比赛的美国队，并在随后的13年中，一直作为一号种子选手率领美国参加戴维斯杯。

1924年，第8届奥运会在巴黎举行，美国队派出291人的队伍出征法国，其中就有已经32岁的威廉姆斯。在男子单打和男子双打四分之一决赛中接连失利后，男女混双比赛成为威廉姆斯登顶夺金的最后机会。

在半决赛中，威廉姆斯的脚踝严重扭伤；也许冰水浸泡双腿的疼痛和麻木再次凸现在他的感觉中，威廉姆斯想退出比赛，但是他的女搭档兹尔·惠特曼对威廉姆斯说：“别担心，你只要守住网前球就行了，其他的位置有我呢！”威廉姆斯顶住了奥运赛场上的压力，最终摘下了奥运金牌。赛后，威廉姆斯谦逊地说：“比赛中，我其实都没怎么跑动，档兹尔实在是功不可没。”这位经历过冰海沉船的人，在赛场上给自己、给现代奥运会，增添了一个比生命更强的光彩传奇。

成长课堂

人生是一条流淌的河，不可能时时飞溅五彩浪花，也不可能处处笔直流畅，只有弯弯曲曲、磕磕碰碰才是它的真正旋律，生命正是因为有了挫折才变得更为充实。威廉姆斯用自己的坚强信念，为我们谱写了一曲奇迹之歌。

男子汉宣言

我要拥有坚强的信念，不断地与挫折作斗争！

如果伊安会说话

在伦敦的一家酒店门前，34岁的伊安正在签名售书，排队等着买书的人站了半条街。作为新崛起的畅销书作家，伊安的新书引起了众多人的关注。忽然有人大声说："伊安，如果你会说话，将会有更大的成就！"并给他传过来一张写着这句话的纸片。

伊安微笑着看了看他的读者，心中却涌起了波澜。

他出生在一个乡村农场，父亲身为农场主，对驯养牛马极其精通。在父亲的影响下，伊安从小就熟知每种牲畜的生活习性。那些牛羊在他的召唤中纷纷归来，这让他极为自得，连父亲都夸他有天分，并欣慰后继有人。可在伊安12岁那年，一场重病袭击了他，由于服用一种药物过量，他的声带被烧坏了，从此，他便告别了引以为豪的声音。

有很长一段日子，伊安都处于极度消沉的状态中，特别是一听到父亲召唤牲畜的声音，他的心便会沉重无比。一个偶然的机会，伊安在父亲的房里看到了一些有关牲畜方面知识的书，百无聊赖之际，他便拿了一本翻看起来。有一次父亲见他在看书，高兴地说："孩子，这些书很有用，可是许多地方我都看不懂，正好你仔细看看，回头告诉我该怎么做！"伊安的心里一动，心想，自己并不是没有一点儿用处的，于是开始钻研那些书籍。每有心得，便通过手语告诉父亲，父亲便欣喜无比。

渐渐地，伊安发现了读书的乐趣。除了父亲的那些牲畜方面的书，他开始读任何可以找得到的书籍。在书卷中，他看到了一个从未涉足过的新奇世界，那种喜悦是以前从未体验过的。有一天，他给父亲讲了一个精彩的故事，父亲笑过后对他说："其实在我们的农场，在那些牲畜身上，就有许多有趣的故事，可惜知道的人是那么少，要是有人能写出来，一定会受到欢迎！"伊安的心猛地一跳，想起那些牛羊，一种冲动让他不由得兴奋起来。

终于，伊安开始着手写故事了，写那些牲畜的美好瞬间，写那些大地上的事情，并把父亲的经验融入故事之中，具有极强的趣味性和知识性。十万字的书稿，父亲几乎是一口气读完，他一把抱住伊安，激动地说："孩子，今天我才真正为你感到骄傲！"相拥在一起，父子俩都淌下了眼泪。

后来，这本叫《它们的故事》的小册子出版以后，立刻风靡英伦，特别受乡下人的喜爱。在书里，他们能看到自己在这片土地上生长的故事。

自此，伊安一发不可收拾，许多优秀的作品不断问世。人们在惊羡他的才华的同时，也为他感到遗憾，因为凭他组织文字的才能，如果不是哑巴，应该演讲能力极强，极有希望进入政治高层。在英国，一个口才好的人是很受民众欢迎和崇拜的。

签名售书之后，伊安回到了父亲的农场，把那张纸片递给父亲，父亲看后，说："如果你能说话，现在正在农场里召唤那些牲畜，绝不会去写书了！"

成长课堂

挫折能断送一个人，也能造就一个人，聪明的人善于把挫折当成激励自己奋发向上的动力。对每个人来说，生活都不可能一帆风顺，勇敢地面对困难和挫折，你才能获得磨炼，取得成功。

男子汉宣言

当我们在人生路上遇到高山般的困难时，要鼓起勇于攀登的勇气！

沃尔特·迪斯尼和老鼠的约定

他是一个年轻的画家，但他很孤独，因为他是一个贫困潦倒、无人赏识的画家。几次谋生求职，堪萨斯城只给他平添了几许失望与颓废。

后来，他终于找到了一份工作，替教堂作画。虽然报酬极低，但他仍像抓住了一根救命稻草似的，全力以赴，不敢懈怠。当时，他无力租用画室，只好借用了一家废弃的车库作为临时办公室，可生活并没有如他期望的那样出现转机。微薄的报酬入不敷出，他如一只困兽，在昏暗发霉的车库里等待命运的安排。

每到夜晚，他熄了灯，就陷入无望的空虚与黑暗中。周围静得可怕，又似乎吵闹不休，他夜夜失眠，手中的画笔也颓然搁下了。

更令他心烦的是，每次熄灯后，一只老鼠就吱吱地叫个不停。他想拉开灯赶走那只讨厌的家伙，但疲倦的身心让他干什么都没劲儿，他只好听之任之了。反正是失眠，他开始专心听老鼠的动静，他甚至能听到它在自己床边的跳跃声。渐渐地，他听到了一种美妙的音乐，如一个精灵在这个无人知道的午夜与自己默默相伴。

他以悲天悯人的情怀放纵着那只小老鼠。不只在夜里，白天它偶尔也会大摇大摆地从他的脚下走过。见他没有敌意，它便得意忘形地在不远处做着各种动作，表演着精彩的杂技。小老鼠使他的工作室有了生机。它成了他的朋友，他则

成了它的观众，彼此相依为命。到最后，它竟大胆地爬上他的画板。

不久，年轻的画家离开了堪萨斯城，被介绍到好莱坞去制作一部以动物为主题的卡通片。这是他好不容易才得到的机会，他仿佛听到了命运大门“吱”的一声开了一条缝。前途是光明的，道路却是坎坷的，他的作品一次次被否决，他再度陷入了举步维艰的境地。

又是一个不眠之夜，他开始怀疑自己真的没有作画的天赋。

那是一个与平常一样漫漫的长夜，他突然听到一声“吱吱”，那是老鼠的叫声。这一刻，灵光一现，他拉开了灯，支起画架，画出了一只老鼠的轮廓。

有史以来，最伟大的动物卡通形象——米老鼠就这样诞生了。

这位年轻画家就是后来蜚声世界的美国人沃尔特·迪斯尼。

原来，灵感只青睐于那些愿意倾听的耳朵。如果不是这样，谁会想到，曾经在那间充满汽油味的车库里生活过的老鼠会成为世界上最负盛名的卡通影片的原型；谁又会想到所有迷惘与失败的声音在耳朵和心头纠缠过的迪斯尼会名噪全球。

当命运迈着嘈杂的脚步，当不幸一路呼啸着向我们袭来，我们在咬牙承受的同时，也不能忘记给自己留一只清醒的耳朵；即使黑夜已来临，所有的梦想都已沉睡，你也不应该忘记把耳朵叫醒。

成长课堂

在追寻梦想的道路上，他的同伴只有一只老鼠吗？不，他还有坚定的勇气和执著的脚步，正是因为他坚定不断地努力，才让他和他的老鼠一起勇往直前，把梦想的光芒放射开来，一路朝着成功的方向迈进。

男子汉宣言

追逐梦想的道路上，我有坚定的信念做伴，一定可以获得最后的成功。

坐在轮椅上的“船长”罗斯福

很多美国人喜欢将他们的总统称为“船长”，这来源于美国著名诗人惠特曼献给美国前总统林肯的诗《船长，我的船长》。在美国200多年的历史上，有过几十位这样的“船长”，但其中有一位格外与众不同：他是一位坐在轮椅上，带领美利坚合众国这艘巨轮渡过严重经济危机、走向繁荣、赢得战争、成为超级大国的“船长”——他就是美国历史上唯一连任四届总统的富兰克林·德拉诺·罗斯福。

1921年8月，正当富兰克林·罗斯福准备在政坛大展身手的时候，一场无情的灾难突然降临到他的身上。当年夏天，罗斯福和家人乘一艘帆船去度假。在扑救了一个小岛上的林火后，为了缓解疲劳，全家又在湖水中畅游了一段时间。回到家里，罗斯福感到发冷，浑身疼痛，他染上了可怕的脊髓灰质炎！第二天早晨当妻子送来早餐时，罗斯福已经感到左腿无力，几天以后，发展到背部和双腿的剧烈疼痛，并且高烧不退，暂时失去了对身体机能的控制。

那一年，罗斯福才39岁，正当年富力强，雄心勃勃、踌躇满志的他准备重整旗鼓大干一番。然而，出师未捷，他却患上这该死的病，要永远瘫痪在床。

高烧、疼痛、麻木以及终生残疾的前景，并没有使罗斯福放弃理想和信念，他一直坚持不懈地锻炼，企图恢复行走和站立能力，他进行疗养的佐治亚温泉被众人称之为“笑声震天的地方”。

在养病期间，这位美国未来的“船长”有一个嗜好就是制作船模，并在朋友的帮助下划上小船到河里去试航。同时，他阅读了大量美国历史、政治方面的

书籍。在这段时间里，罗斯福的性格也产生了重大的变化，他变得温和、谦虚、平易近人。他把与疾病斗争、积极锻炼身体看作是一件非常愉快的事情。工作之余，他竭尽全力地进行体育锻炼，对自己要求之严格几近苛刻。就连他的一位好朋友、当时的美国拳击冠军都说：罗斯福的肩部肌肉是我所见过的人当中最强健的。

经过这段挫折的锤炼，罗斯福的眼界和思路更开阔了。他学会尊重并理解持有与自己不同的观点的人，对那些受折磨又极需要帮助的人充满了深切的同情。他躺在那里一天天地成熟起来，从一个轻浮的年轻贵族变为一个能理解下层人民的人道主义者，而正是这一点使他最终入主白宫。

利用一副钢与皮革制成的双腿支架，罗斯福最终可以在别人的搀扶下站立和行走了。经过7年的养精蓄锐，他重新走上政坛，并在1928年成为纽约州州长。随后，他开始了向总统宝座的冲刺。

1932年11月8日，罗斯福以2280万票对1575万票的优势，入主白宫。这位坐在轮椅上的“船长”终于把握住了巨轮的舵盘。

成长课堂

罗斯福是美国历史上最为独特的总统，也是让全世界人们都敬仰的总统，在身患重病的时候，依然为了自己的梦想进行着努力，虽然他坐着轮椅，但是他自强不息的精神却让他的形象比任何人都高大。

男子汉宣言

在追逐梦想的道路上，困难只会让我变得更强大。

布朗：上帝替我蒙住了左眼

戈登·布朗出生在苏格兰一个普通的牧师家庭，从小志向远大。12岁时，布朗就和哥哥约翰说服工党，允许兄弟俩在自己创办的报纸上刊登当时工党领袖哈罗德·威尔逊的一篇文章。然而，厄运不期而至。高中快毕业时，布朗遭遇变故。在同教师举行的一场橄榄球赛中，他被踢中头部，左眼视网膜脱落。他在医院待了几个月，双眼均缠上绷带，接受了三次眼部手术，受尽煎熬，最终不得不接受左眼失明的事实。对于一个风华正茂的有志少年来说，失去一只眼睛，何等残忍。那段时间，布朗心灰意冷，躲在屋子里不出门，讨厌陌生人的蔑视，更憎恶亲朋的同情，从朝气蓬勃变得郁郁寡欢。

父母看在眼里，疼在心上，尝试开导劝慰，却毫无收效。

恰好，布朗的哥哥约翰从大学回家休假，千方百计地帮助弟弟走出低谷。一天，他欢天喜地地回到家，找到布朗，塞给他一把手枪和六发子弹。布朗有些惊奇，小心翼翼地抚摸着手枪，问："这是一把能开火的真枪？"约翰拍着弟弟的肩膀，说："当然！我们到户外进行实弹射击，玩儿个痛快！"布朗犹豫了片刻，终于起身和哥哥一起出了门。来到屋后的小山冈，他们将目标定于20米开外的一棵橄榄树。约翰率先举枪，眯起左眼瞄准，也许是紧张，又不懂技术要领，他连开三枪都没有命中目标，只好把枪交给布朗。布朗的前两发子弹都射偏了，有些沮丧，约翰在一旁鼓励："别放弃，你还有一次机会！"这一次，布朗屏气凝神，果然击中了树干。

约翰欢呼着抱住了弟弟，兴奋地说："刚才我努力眯紧左眼，很吃力，所以没有瞄准。你比我有优势，因为上帝替你蒙上了左眼，你可以心无旁骛，专心瞄

准目标！”

约翰假装无心所说的话，深深打动了布朗。一瞬间，他紧紧握住哥哥的手，感觉浑身重新充满力量。第二天，他又回到学校学习。16岁时，布朗获得了苏格兰著名学府爱丁堡大学的奖学金，成为该校当时年龄最小的大学生；24岁时，布朗发表了自己的“苏格兰红皮书”，俨然以英国首相的口气对苏格兰的状况进行分析。

这位热心政治的青年，积极参与各种社团活动，难免会树立一些反对派。他的对手们常常借他的盲眼嘲笑他，攻击他，但他总记得当年哥哥的鼓励。在许多次演讲中，他激昂而自豪地宣称：“我的左眼是上帝为我蒙上的，就是希望我能专注于我毕生的事业，专注于我的目标，执著向前。”

眼疾反而加强了布朗奋斗的决心，他迅速在政坛脱颖而出。46岁，他当上了英国历史上任期最长的财政大臣，如今他接任布莱尔成为英国最新一任首相。

布朗对青年们说：“每一个经历都在塑造你。我只能坚持信念，保持积极。人生最重要的是要在逆境中坚持下去，不让环境击垮你。”

成长课堂

人生有很多意外，也许有些意外会让你感到伤痛，不要介意，因为这是上天给你的一个提醒，让你在苦难中寻找到那条通向成功的道路。一个拥有积极信念的人，逆境只会是他成长过程中的一道风景！

男子汉宣言

我要以积极的信念去面对人生路上的风风雨雨！

飞上蓝天的麦克·亨德森

2006年7月28日，在美国俄勒冈州的梅德福机场，从事飞行25年时间的潘·帕特森从未碰到过这种奇事，他面前这个坐在轮椅上的年轻人麦克·亨德森——一个四肢瘫痪的人居然想学飞行。

帕特森瞟了一眼亨德森的四肢，他的大腿软弱无力，根本无法使用尾舵踏板，他又怎么能驾驭一吨多重的飞机呢？最让这位飞行教员伤脑筋的是亨德森的手，他的五指虽在，但却不能动。

麦克将轮椅靠近机身，一只手搭在机翼的后缘，另一只手支撑在轮椅上，尽可能地将自己撑了上去。然后转身面对着机身，用右肘机敏地挪动着，一点一点地向驾驶舱移动。帕特森在屋子里目睹了这一切。他说："当我走进去的时候，他正坐在驾驶员的位置上，血从磨破的肘部流出，舱内到处是血。"

但当帕特森送麦克去联邦航空局做身体检查时，担任检查的医生——一位资格很老的飞行员戴维·斯托达德博士感到很为难。他在电话里说："他身体能动的部位还不到10%！"帕特森坚持己见。医生同意了。

利用毯子的摩擦可以使麦克登上光滑的机翼，戴在头上的一套通讯设备可以使他不必用手拿着无线电话筒，他们还把舵柄改成垂直移动的装置，这样可以使麦克不用脚而用右臂来操纵不易控制的尾舵。

让帕特森高兴的是麦克的手指显得越来越灵活，但他担心他的力气不够，这样在大风时起飞和着陆就无法将驾驶杆拉回来。麦克想了个主意，为什么不做一个金属钩套在

他的手腕上？这样放和拉不就都自如了吗？

进行了几周的训练之后，帕特森便给斯托达德医生去电话。医生在机场亲眼目睹了麦克坐在轮椅上灵巧地围着飞机绕了一圈，仔细地进行例行飞行前的地面检查。在教员和医生都上了飞机之后，他又做了起飞前的仪表检查。几分钟后，马达轰鸣，飞机向跑道的尽头冲去，然后飞向蓝色的天空。

飞机对准了喀斯开与锡斯基尤山脉之间的宽阔飞行通道，麦克像他的教员一样灵巧地做了一个大角度转弯，然后回头对惊呆了的医生粲然一笑，举起双手示意他完全是一个人在驾驶。

2006年11月14日，麦克在空中飞满了20个小时。飞机稳稳地停下来后，帕特森跳下飞机，转身对麦克喊道："再飞两个起落，我在办公室等你！"可以独自驾驶飞机的时刻终于来到了，麦克用右手推上油门，松了手闸，调整一下方向便滑出跑道，几分钟之后他便飞上了蓝天。

几个月后，麦克在斯托达德医生的帮助下，成为第一个通过仪表鉴定获得民航机驾驶员执照的四肢麻痹患者。斯托达德医生说："是麦克的意志使他出类拔萃，他的成功确实令人难以置信。"麦克的教员帕特森则说："去和麦克飞一次，你就会理解他。"

成长课堂

在所有人的眼里，他和飞翔似乎一点儿都扯不上关系，而他为了实现飞翔的梦，付出了比常人多数倍的努力，在追逐这个梦想的路上，甚至流血都不能让他止步，就是凭着这股执著，他的梦终于实现，也感召着更多的人为自己的梦想去努力。

男子汉宣言

为梦想而努力，流再多的汗也值得。

烧伤后成为百万富翁的米契尔

如果在46岁的时候，你在一次很惨的机车意外事故中被烧得不成人形，4年后又在一次坠机事故后腰部以下全部瘫痪，你会怎么办？再后来，你能想象自己变成百万富翁、受人爱戴的公共演说家、洋洋得意的新郎官及成功的企业家吗？你能想象自己去泛舟、玩儿跳伞、在政坛角逐一席之地吗？

米契尔全做到了，甚至有过之而无不及。在经历了两次可怕的意外事故后，他的脸因植皮而变成一块彩色板，手指没有了，双腿如此细小，无法行动，只能瘫痪在轮椅上。

那次机车意外事故，把他身上65%以上的皮肤都烧坏了，为此他动了16次手术，手术后，他无法拿起叉子，无法拨电话，也无法一个人上厕所，但以前曾是海军陆战队员的米契尔从不认为他被打败了。他说："我完全可以掌控我自己的人生之船，那是我的浮沉，我可以选择把目前的状况看成倒退或是一个起点。"6个月之后，他又能开飞机了！

米契尔为自己在科罗拉多州买了一幢维多利亚式的房子，另外也买了房地产、一架飞机及一家酒吧，后来他和两个朋友合资开了一家公司，专门生产以木材为燃料的炉子，这家公司后来变成佛蒙特州第二大的私人公司。

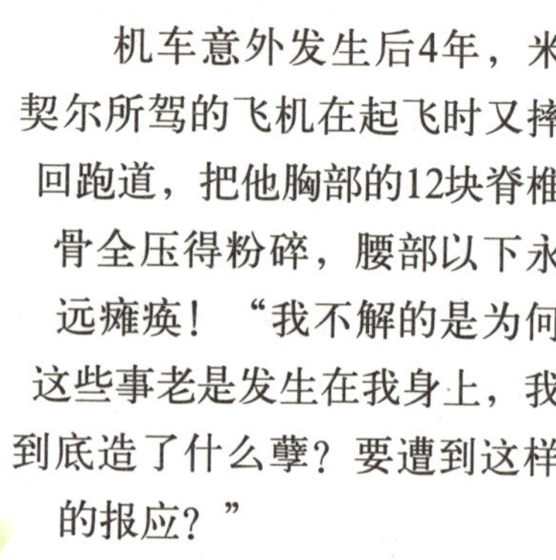

机车意外发生后4年，米契尔所驾的飞机在起飞时又摔回跑道，把他胸部的12块脊椎骨全压得粉碎，腰部以下永远瘫痪！"我不解的是为何这些事老是发生在我身上，我到底造了什么孽？要遭到这样的报应？"

米契尔仍不屈不挠，日夜努力使自己能达到最高限度的独立自主，他被选为科罗拉多州孤峰顶镇的镇长，以保护小镇的美景及环境，使之不因矿产的开采而遭受破坏而闻

名。米契尔后来也竞选国会议员，他用一句“不只是另一张小白脸”的口号，将自己难看的脸转化成一项有利的资产。

尽管刚开始面貌骇人、行动不便，米契尔却开始泛舟，他坠入爱河且完成终身大事，也拿到了公共行政硕士，并持续他的飞行活动、环保运动及公共演说。

米契尔屹立不倒的正面态度使他得以在《今天看我秀》及《早安美国》节目中露脸，同时《前进杂志》《时代周刊》《纽约时报》及其他出版物也都有米契尔的人物特写。

米契尔说：“我瘫痪之前可以做1万件事，现在我只能做9000件，我可以把注意力放在我无法再做的1000件事上，或是把目光放在我还能做的9000件事上，告诉大家说我的人生曾遭受过两次重大的挫折，如果我能选择不把挫折拿来当成放弃努力的借口，那么，或许你们可以用一个新的角度，来看待一些一直让你们裹足不前的经历。你可以退一步，想开一点儿，然后，你就有机会说：‘或许那也没什么大不了的！’”

记住，重要的是你如何看待发生在你身上的事，而不是到底发生了什么事。

成长课堂

在所有人看来，他可以算得上是命运多舛，可是他却巧妙地把这些灾难变成自己的财富，因为在他的眼里，不管发生什么事都不重要，重要的是，自己要时刻保持一颗奋发向上的奋斗之心，重要的是他一直都这么坚定地相信自己可以成功。

男子汉宣言

不管发生什么事，我都要坚定地维护我的梦想。

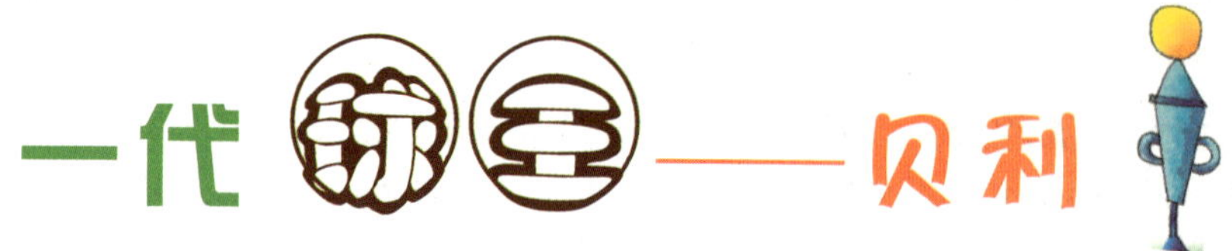

一代球圣——贝利

在里约热内卢的一个贫民窟里，有一个男孩儿，他非常喜欢足球，可是买不起，于是就踢塑料盒，踢汽水瓶，踢从垃圾箱里捡来的椰子壳。他在巷口里踢，在能找到的任何一片空地上踢。

有一天，当他在一个干涸的水塘里猛踢一只猪膀胱时，被一位足球教练看见了，他发现这男孩儿踢得很是那么回事，就主动提出送他一只足球。小男孩儿得到足球后踢得更卖劲儿了，不久，他就能准确地把球踢进远处随意摆放的一只水桶里。

圣诞节到了，男孩儿的妈妈说："我们没有钱买圣诞节礼物，送给我们的恩人。就让我们为我们的恩人祈祷吧。"

小男孩儿跟妈妈祷告完毕，向妈妈要了一只铲子，跑了出去，他来到一处别墅前的花园里，开始挖坑。

就在他快挖好的时候，从别墅里走出一个人来，问小孩儿在干什么，小男孩儿抬起满是汗的脸蛋儿，说："教练，圣诞节快乐，我没有礼物送给您，我愿给您的圣诞树挖一个树坑。"

教练把小男孩儿从树坑里拉上来，说，我今天得到了世界上最好的礼物。明天你就到我的训练场去吧。

3年后，这位17岁的小男孩儿在第6届世界足球锦标赛上独进21球，为巴西第一次捧回金杯。一个原来不为世人所知的名字——贝利，随之传遍世界。

在这位神童的激励下，巴西队愈战愈勇，一一击溃强劲对手，第一次为祖国捧回了世界杯。此后，在贝利统领下，巴西队又夺得1962年第7届和1970年第9届世界杯赛冠军，贝利本人也成为至今世界上唯一一位夺得过三届世界杯冠军的球员。

1969年11月19日，贝利在马拉卡纳体育场打进了个人生涯的第1000球，那是个点球，人们为了庆祝甚至冲入场内使得比赛中止，后来桑托斯俱乐部将11

月19日定为“贝利日”，纪念球王的成就。巴西总统宣布贝利为“国家珍宝”，并不允许他转会国外效力。更令人惊叹的是，贝利还能阻止战争！1970年，贝利来到内战纷飞的尼日利亚，在首都拉各斯踢了一场表演赛，为此，政府军和反对派军队达成协议，停火48小时，因为他们都要看贝利踢球！

男孩卡片

跳水

跳水是一项优美的水上运动，它是从高处用各种姿势跃入水中，或是从跳水器械上起跳，在空中完成一定动作姿势，并以特定动作入水的运动。现代竞技跳水始于20世纪初。1900年，瑞典运动员在第2届奥运会上作了精彩的跳水表演，一般公认这是最早的现代竞技跳水。现在中国、美国、俄罗斯、德国、加拿大已经被公认为世界跳水强国。

贝利是现代足球运动中最出类拔萃的人物，他功勋卓著，成就非凡，成为后人追寻的榜样，在其长达22年的职业足球生涯中，共参赛1364场，射入1282球，他赢得过世界杯冠军、洲际俱乐部杯赛冠军、南美解放者杯赛冠军，几乎赢得了国际足坛上一切成就，被人们誉为“一代球王”。

成长课堂

球王原来并不是天生的，在他成长的道路上也充满了各种艰辛，而支持他一路走到球王宝座上的力量，便是他坚定的信念和对成功的渴望。这股力量让他在面对困难时不惧怕，在面对坎坷时能微笑地去跨越。

男子汉宣言

只要坚定自己的信念并一直不懈地付出努力，我也能获得球王一样的成功。

读了这么多精彩的故事，和故事中的主人公比起来，你觉得自己能成为一个坚定执著的小男子汉吗?不妨来训练营锻炼一下自己！

再试一次就是成功

1943年，美国的《黑人文摘》刚开始创刊时，前景并不被看好。它的创办人约翰逊为了扩大该杂志的发行量，积极地准备做一些宣传。他决定组织撰写一系列“假如我是黑人”的文章，请白人把自己放在黑人的地位上，严肃地看待这个问题。他想，如果能请罗斯福总统夫人埃莉诺来写这样一篇文章就最好不过了。于是约翰逊便给她写去了一封非常诚恳的信。罗斯福夫人回信说，她太忙，没时间写。但是约翰逊并没有因此而气馁，他又给她写去了一封信，但她回信还是说太忙。

你知道，在这种情况下约翰逊是如何做的吗?

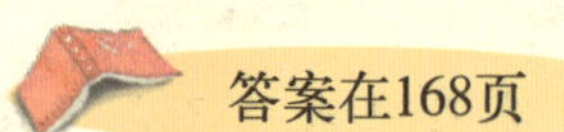
答案在168页

《5分钟5分钟地去练习》答案：

爱尔斯金想起了金卡尔·华尔德先生告诉他的话。到了下一个星期，他就把卡尔的话实践起来。只要有5分钟左右的空闲时间，他就坐下来写100字或短短的几行。出乎意料之外，在那个星期的终了，爱尔斯金竟写出了相当多的稿子。后来，他用同样积少成多的方法，创作长篇小说。爱尔斯金的授课工作虽一天繁重一天，但是每天仍有许多可利用的短短余闲。他同时还练习钢琴，发现每天小小的间歇时间，足够他从事创作与弹琴两项工作。

第三章

目标明确——获得成功的主要前提

以前的我

小伙伴们都有自己的兴趣爱好。

我不知道自己究竟喜欢什么。

现在的我

我要成为一个画家，所以要专心练习画画。

我画的画得了比赛的第三名。

以前的我

我懒得给自己制定目标。

我一个手工作业也没有完成。

现在的我

我给自己明确要完成的任务量。

按照计划，我完成了自己的手工作业。

以前的我

在野外生存训练中,我总迷路。

小伙伴们都到达了终点，除了我。

现在的我

我专心完成越野任务，不受周围环境干扰。

我第一个到达了终点。

以前的我

我只学数学，因为我想成为一个数学家。

语文考试我得了六十分。

现在的我

妈妈告诉我，数学家也要具备其他的知识。

我要努力学习各门功课。

我的目标总是在不断变化，今天想当科学家，明天想做军事家；每天我都不知道自己应该做什么，总是茫茫然……别的同学都为自己制定了目标，并且不断地在努力，而我却没有具体的目标。这种茫然的状况需要彻底改变。从现在开始，我要给自己树立一个明确的目标，并且不断努力，有步骤有计划地去实现它。只有这样，我才能成为一个真正的男子汉！

1. 我要学习好英语，为将来留学做好准备。

2. 每天明确规定自己的学习任务，绝不偷懒，耽误工作。

3. 回家的路上不再东张西望或者贪玩儿误时，我要锻炼自己不受环境干扰。

4. 课堂上不能再开小差，要集中精神，专心听讲。

5. 我要认真学习，不能再带玩具来学校。

永不认输的周杰伦

1996年6月，高中毕业后的周杰伦一时找不到工作，便只好应聘到一家餐馆当了名服务生。尽管工作上的烦心事不少，但周杰伦对音乐的爱好却有增无减。每次发了工资，他就往音乐超市里跑，几乎把所有的钱都花在了买磁带上。平时他喜欢把单放机带在身边，没事就听音乐。

1997年9月，周杰伦偶然参加了《超猛新人王》，结识了节目主持人吴宗宪，节目做完后，他便邀请周杰伦辞职后到他的音乐公司写歌。由于周杰伦从小就打下了扎实的音乐功底，他很快就创作出了大量的歌曲。但让吴宗宪感到不可理解的是，他创作的歌词总是怪怪的，音乐圈内几乎没有人喜欢，因而，他总是失望地将周杰伦的手稿放到一边。拿到手稿后，他连看都不看，便将那首歌曲揉成一团，随后丢进身边的垃圾筒里去了。但这位不服输的年轻人知道，放弃就意味着自己炒了自己的鱿鱼。于是，他继续创作，第二天，第三天……他以每天一首歌的速度进行创作。一连七天，吴宗宪每天早上8点钟上班时，总能准时见到周杰伦的作品。终于，他被这位小伙子的天赋和勤奋深深地感动了，答应找歌手演唱他创作的歌曲。

1998年2月，周杰伦又创作了一首名为《眼泪知道》的歌曲。吴宗宪决定将这首歌推荐给当时的天王级歌星刘德华演唱。不想，歌词转到了刘德华的手上时，他只轻轻瞟了一眼，便拒绝了演唱这首歌曲。之后，周杰伦又为张惠妹写了一首歌——《双截棍》。他想，张惠妹比较前卫，应该比较容易接受他创作的歌曲。然而，没料想，他精心创作的《双截棍》竟也被张惠妹毫不犹豫地拒绝了。

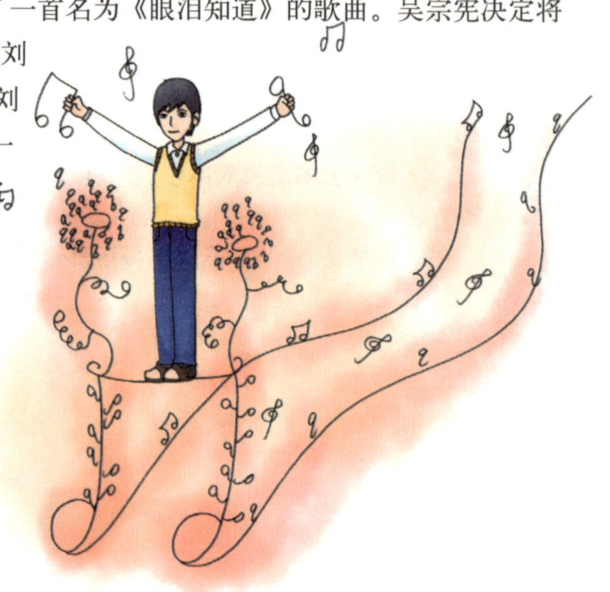

一次次失败后，一直渴望在歌曲创作方面有所成就的

周杰伦迷茫了，他甚至怀疑自己的音乐之路到底还能走多远……吴宗宪看出了周杰伦对音乐独特的理解力。于是，他决定给这个才华横溢的小伙子另一次机会——让他自己走上舞台，演唱自己创作的歌曲。吴宗宪将周杰伦叫到办公室，十分郑重地说："给你10天的时间，如果你能写出50首歌，而我可以从中挑出10首，那么我就帮你出唱片。"周杰伦就呆在音乐室里开始创作。那段时间，他几乎是一首接一首地创作，每写完一首，就像生下一个孩子一样，高兴得不得了。而每当他疲惫的时候，就在房间的某个角落里打个盹儿，醒来之后继续下一首歌曲的创作。就这样，仅仅10天时间，周杰伦真的拿出了50首歌曲，而且每一首写得漂漂亮亮，谱得工工整整。吴宗宪从周杰伦创作的歌曲中挑选出了10首，准备制成唱片发行。

2001年初，周杰伦第一张专辑刚一上市，就被歌迷抢购一空。在当年的台湾流行音乐大评选过程中，《杰伦》一举夺得台湾流行音乐金曲奖的最佳流行音乐演唱专辑、最佳制作人和最佳作曲人三项大奖。

周杰伦在接受《时代》杂志专访时说："明星梦并不是遥不可及的，其实，任何人都可以做，只要你肯努力。我之所以能有今天，就是我不服输的结果。"

成长课堂

辛苦的餐馆工作，做所有杂事的助理，所写的歌词被一次次拒绝……这所有的一切，都没能阻挡他对音乐的热爱，他凭借不认输的劲头，唱出了属于自己的歌。其实，任何一个人都可以成功，只要你明确自己的目标，并坚持不懈地为之努力。

男子汉宣言

从今天开始，我要明确自己的目标，不断地朝目标努力！

李明博：拥有一颗总统心

因为家境贫困，他从小便饱尝生活的艰辛。他共有兄弟姐妹七人，这对他那农民身份的父母来说，无疑是一种巨大的压力，他们家的生活一直处于清贫和窘迫中。他4岁那年，在举家搬迁的过程中，因为运载船只遭遇暴风袭击而沉没，虽然他和家人被过往船只救起，但多年省吃俭用积累下来的家当都沉入海底。一贫如洗的家，吃一顿饱饭都成为问题。

他家租住的出租屋附近有一家酒精厂，他的母亲很快就发现一个“惊喜”——酒精厂每天丢掉的酒糟可以用来当饭吃。母亲开始每天往家捡酒糟，他和家人每天的早饭和晚饭都开始变成酒糟。虽然饿肚子的窘况解决了，但因为每天吃酒糟，他的脸总是红彤彤的，而且浑身上下总是散发出一股酒精味，以至于老师和同学都怀疑他是一个小酒鬼。从出租屋到学校要步行两个小时，每天回家吃饭很不现实，但又无饭可带，每天中午的时候，同学们都去吃饭了，他则拼命喝水充饥。

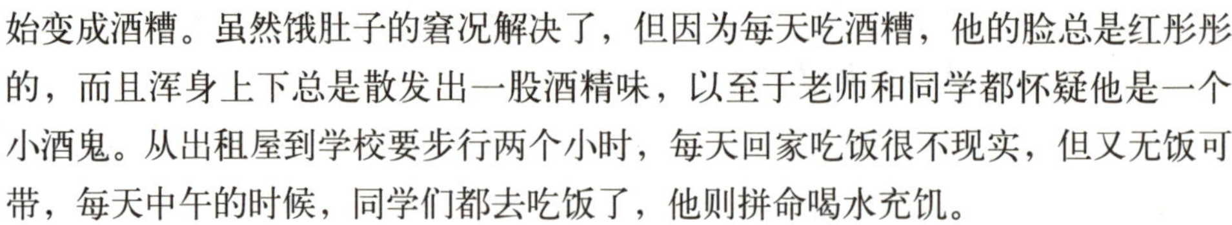

初三那年，他的二哥考上了大学。因为家境困窘，父母决定让他辍学打工供二哥读大学，幼小的他虽然满心不甘，但还不懂如何维护自己的权利。他向班主任老师辞别。他无奈地对老师说，他喜欢读书，可是，他的家太穷了。班主任老师找到他的父母，苦口婆心地做工作，最后，他的父母同意他继续读书，但前提条件是：不向家里要一分钱。又要读书，又不能向家里要钱，这对于正读初中的他来说，无疑是沉重的，但对读书的渴望，让他别无选择。他开始了和命运的抗

争。为了能继续学习，他开始利用课余时间赚钱。课间以及午休的时候，其他同学都玩儿去了，他则带着事先准备好的爆米花等零食到校门口叫卖。因为要积攒学费、书本费，他仍旧坚持着用凉水当午饭充饥的“习惯”。

初中毕业，他考取了一所重点高中。在班级的毕业联欢会上，同学们挨个儿说自己的梦想。轮到他了，他低着头，半晌才说道：“我希望自己能成为总统。”话音未落，教室里立刻响起了一片哄笑。是啊，依靠吃酒糟填饱肚子，靠卖杂货维持学业的他距离总统太遥远了。但他却渴望成为总统，渴望让所有读书的学生都可以有保障地、无忧无虑地读书。

布料、水果、火柴……出售小商品虽然很辛苦，收入很可怜，但为了能够确保自己顺利地将书读下去，他一直坚持着。高中三年，他的学习成绩一直排在学校第一名，这让他连续三年都获得了学校设立的最高级奖学金。当他高中毕业考取大学时，他真地做到了没让家人掏一分钱。大学期间，他甚至做起了“破烂王”，依靠收取破烂赚取学费。

艰难在他的勤奋以及对梦想的执著中，成为磨砺他意志的磨石。2007年12月，韩国新一届总统产生，当人们欢呼着他的名字时，他一脸从容，淡定地笑着。他的名字叫李明博，前韩国现代集团董事长，首尔市市长。只要拥有一颗总统心，卖爆米花、捡垃圾的少年一样可以成为总统。

成长课堂

虽然家境贫寒，只能依靠卖爆米花、捡垃圾挣取学费维持学业，但这并不能阻挡他成为总统，因为他从小就确定了自己的人生目标——成为总统。拥有明确的目标，发挥执著的精神，有什么梦想不能实现！

男子汉宣言

心怀一个远大的目标，会让我找到前进的方法！

创造“不可能”的博格斯

有一个孩子从小就热爱篮球运动，并且和所有热爱篮球运动的美国孩子一样，他希望自己有朝一日能够参加NBA的比赛。孩子拥有这样的梦想本来是一件值得人欣慰的好事，可是孩子的父母却从一开始就劝告他要打消这个念头，周围的邻居们听到孩子的这个愿望也都付之一笑，他们难道是要存心打击一个年幼孩子的梦想吗？也许他们并不是要故意打击这个孩子。在他们看来，自己的劝告纯粹是善意的，因为这个孩子的梦想是永远都不可能实现的。为什么大家都这样看待孩子的梦想，甚至连平时最疼爱孩子的父母也这样想呢？原来这个孩子一直以来都比同龄人矮小得多，以他的身体条件也许可以把打篮球当成一种业余兴趣，但要想成为NBA比赛的篮球巨星无异是白日做梦。

但是这个孩子却不肯接受人们的建议，放弃这个梦想，即使是白日梦他也要奋力一搏。这个孩子渐渐长大成人了，他的梦想依然没有改变。为了实现这个梦想，他一直都在坚持不懈地练习投篮、运球、传球等技巧，同时也加紧对体能的锻炼，几乎每天人们都能看到他在球场上与不同的人进行篮球比赛。凭着长期以来的锻炼，他的篮球技能已经为自己赢得了很多荣誉，但是尽管如此，人们还是对他要参加NBA比赛的梦想嗤之以鼻，这是因为已经长大成人的他，个子也不过一米六。一米六高的个子想去参加NBA比赛，这在所有人眼中都是一个笑话，但是他本人却认定了自己的理想，并且决定一步一步地向着这个理想迈进。

他用比一般人多出几倍的时间来练习篮球技巧，而且每一次练习

他都投入百分之百的精力。功夫不负有心人，他终于成为镇上有名的篮球运动员，代表全镇参加过无数次比赛；后来他又成为全州最出色的全能篮球运动员之一，而且还是最佳的控球后卫；再后来，他成了NBA夏洛特黄蜂队的一名球员。虽然他的个子创造了有史以来NBA球员身高最矮的纪录，但是他却成为NBA表现最杰出、失误最少的后卫之一，不仅控球技术一流、远投神准，甚至还可以凭借不可思议的跳跃能力拦截两米多高球员的传球。他在球场上更引人注目的是灵活迅速的行动速度，有一位篮球评论员称他的速度“就像一颗旋转中的子弹一样”。

击剑

现代击剑运动是奥运会的传统项目。1896年在雅典举行的第1届现代奥运会上就设有男子花剑、佩剑的比赛。1900年在巴黎举行的第2届奥运会上增加了男子重剑比赛。1924年在巴黎举行的第8届奥运会上又增加了女子花剑比赛。1992年在巴塞罗那举行的第25届奥运会上，女子重剑被列为正式比赛项目。女子佩剑在2004年雅典奥运会上被正式列为奥运会项目。

说到这里，也许一些熟悉NBA比赛的人已经知道他的名字了，他就是博格斯——NBA历史上个子最矮的篮球运动员。

成长课堂

人们总是喜欢说“不可能”，但“不可能”只是懒惰者和懦弱者的借口，是对希望和自身潜力的限制，只要我们抛开这些限制，就可以挖掘出更多的潜能，让“不可能”发生的事成为奇迹，发生在我们身上。

男子汉宣言

我拒绝对自己说“不可能”，我要相信我可以做到！

郭德纲：瓦片尚有翻身日

他从小痴迷相声，8岁开始学艺，“说学逗唱”样样拿手。可是没想到，生不逢时，正当他学有所成准备大展拳脚之时，相声忽然跌入低谷。有人提醒他，相声已经完了，观众都看小品去了，趁着现在还年轻，你赶紧改行吧。说的也是，男怕入错行，可他偏不信。

他执著于自己的梦想，希望有朝一日能成为相声明星，走在大街上被人堵着要签名。为了寻梦，他两次进京，均无功而返，可是仍不死心。第三次，他揣着仅有的几千块钱，又漂在了北京。没过多久，钱花光了，梦想却依然遥遥无期，他找不到自己的舞台。最困难的时候，他一日三餐只能吃面条，快交房租的那几天，他就更加睡不踏实了，每月150元的房租无疑是一笔巨款。房东上门来收钱，好几次把门踹得咚咚作响，却总是找不着人。其实他就躲在里面，不敢吱声，假装人不在，实在拿不出钱啊！白天不敢出门，只好晚上出去，还不能走大门，怕遇上守门的老头儿，因为房子是老头儿帮他租的，没钱拿什么跟人家交代呢？夜深人静之时，他就翻墙而出。

因为相声，他被困在了北京。为了生计，他只好出去找点儿零活儿干，回到出租屋又趴在小凳上进行创作，虽然梦想依然遥不可及，可他一刻没有放弃。有一次，他偶然路过一家小茶馆，看见几个十几岁的孩子在那儿说相声，备感亲切，不由自主加入进去。从此，那家小茶馆成了他施展相声才华的舞台，几个

月后，茶馆渐渐爆满，连柜台上都坐着人。虽然收入仅能糊口，可他无比欣慰，相声其实没死啊，还有这么多人爱听。仿佛翻过了崇山峻岭，终于见到广阔的平原，他觉得前途豁然开朗起来。

一年后，他邀集了几位志同道合的年轻人搭起班子，取名为北京相声大会，在剧场里开始说相声。起初他满腔热情，信心百倍，可是残酷的现实又给他浇了一盆冷水，剧场开张后几乎天天亏损，最惨的一天只卖出去一张票！开演后，台上一位，台下一位，他在台上，观众在台下。他说的是单口相声，说到中途时，台下那位的手机突然响了，他只好停下来看着台下，等台下的接完电话，他接着又说相声，虽然脸上还挂着笑容，可心里却不是滋味。亏本倒是其次的，偌大的剧场只有一名观众，这对一个相声演员的打击有多大，不难想象。

像这样的辛酸和打击他经历了无数，可他依然坚持着最初的梦想，从未放弃。10年后，他成功了。如今，人们想听他的相声有点儿难了，得提前半个月订票。功成名就，每天守在后台准备采访他的记者排成长队，不少人都问过他同一个问题：这么多年一路艰辛走来，究竟是什么信念一直在支撑着您？他惯有的笑容忽然凝固了，一脸认真地说：瓦片尚有翻身日，何况我郭德纲！

成长课堂

黑夜永远无法阻挡黎明，有太阳就一定有晨曦显露。只要你下定决心，百折不回，就能在跌倒之后爬起来满怀信心地继续前进。只要你明确自己的人生目标，任何苦难都阻止不了成功的降临！

男子汉宣言

在遇到困难时，我要不断地明确自己的目标，努力寻找前进的方向！

坚持梦想的伍兹

有一个住在贫民区的破房子里的男孩儿。7个兄弟姐妹中，他特别瘦弱，时常感冒发烧。他似乎缺乏学习的天赋，学习成绩是7个孩子中最差的一个。有一天，他看到介绍有史以来最伟大的高尔夫运动员尼克劳斯的电视节目，他的心一下子被打动了："我也要像尼克劳斯一样，当一个伟大的职业高尔夫运动员！"

他要求父亲给他买高尔夫球和球杆。父亲说："孩子，我们家玩儿不起高尔夫球，那是富人们玩儿的。"他不依，吵着要。母亲抱着他，朝父亲说："我相信他，他一定会成为优秀的高尔夫球手。"说完，母亲转过头来，柔声说："儿子，等你成为职业高尔夫球手后，就给妈妈买栋别墅，好吗？"他睁大眼睛，朝母亲重重地点了点头。

父亲给他做了一个球杆，然后在家门口的空地上挖了几个洞。他每天都用捡来的球玩儿上一会儿。升入中学后，他遇到了后来改变他一生的体育老师里奇·费尔曼。费尔曼发现了这个黑人少年的天赋，于是建议他到高尔夫球俱乐部去练球，并帮他支付了1/3的费用。仅仅3个月，他就成了奥兰多市少年高尔夫球的冠军。

高中毕业后，他幸运地被斯坦福大学录取了。暑假期间，他的一个要好的同学来他家玩儿，说他有个哥哥所在的旅游公司有一艘豪华游轮正在招服务生，薪水很高，每周有500美元，问他是否有意去应聘。他动心了：家里仍然贫穷，自己应该像个男人一样养家了。

过了几天，里奇·费尔曼来到他家，他已经帮他联系到了一家高尔夫球俱乐部，准备带他去报名。小伙子不好意思地告诉老师，他打算去工作了。里奇·费尔曼沉吟半晌，然后问他："我的孩子，你的梦想是什么？"

他愣了一下，似乎有些措手不及。过了好一会儿，他才红着脸说："当一

个像尼克劳斯一样的高尔夫球运动员，挣很多钱，给母亲买一栋漂亮的别墅。”里奇·费尔曼听完，对他说：“你现在就去工作，那么，你的梦想呢？不错，你马上就可以每周挣到500美元，很了不起，但是，你的梦想就只值每周500美元吗？”

18岁的他被老师的话震惊了，他呆呆地坐在屋子里，心里反复默念着老师的话。那个假期，他自觉地投入到了训练中。在当年的全美业余高尔夫球大奖赛上，他成为该项赛事最年轻的冠军。

3年后，他成了一名职业高尔夫球手。他是迄今为止最伟大的高尔夫球运动员，他正创造着高尔夫球的神话：1999年，他成为世界排名第一的高尔夫球手；2002年，他成为自1972年尼克劳斯之后连续获得美国大量赛事和美国公开赛冠军的首位选手。从1996年出道至今，他总共获得了39个冠军。

如今，他以1亿美元的年收入成为世界上年收入最高的体育明星之一。他前后给母亲买了6栋别墅，位于不同的地方，他就是人们熟知的“老虎”——伍兹。

成长课堂

如果当初伍兹停止了训练，去参加工作，那么世界上就会多了一个普通的服务生，而少了一位伟大的高尔夫球运动员。很多时候，我们拥有自己的目标，却少了坚持下去的勇气。在走到歧路时，明确自己的目标意义更为重大。

男子汉宣言

在前进路上，我们要有执著追求梦想的勇气！

奥兰多·布鲁姆：“老鼠”也可以成为主角

伦敦街头的一角，正是隆冬时节，一个男孩子在寒风中等待着机遇的降临，他从小酷爱舞台，曾经梦想有一天能够饰演一个主角。为此，他不停地观看着露天播放的电影，模仿演员们的一举一动，甚至能够熟记几部经典影片的关键对白。但苍天弄人，他从小家境贫寒，少年时父母离异，母亲早早地与世长辞，这一切似乎阻止了他梦想的延续，但他的梦想却始终未曾破灭。

他曾经很长时间徘徊于伦敦大剧院的街道前，他曾经见过一个大导演，并毛遂自荐地将自己推销给人家，但人家不予理睬。那天傍晚时分，恰巧有个送盒饭的人，想将一大堆的盒饭送到剧院里面，小男孩儿见状急忙上前帮忙，尾随着送饭的，拐弯抹角地进了舞台后面。碰巧有个配音演员嗓子出了问题，导演急需找一位能为老鼠配音的演员来救场，他们四下里打电话到邻近的剧院借人，但结果却很不好。

小男孩儿突然计上心头，他当着导演的面学了声老鼠的叫唤，声音惟妙惟肖，导演的眼睛猛地一亮，他拿出了剧本给他看。剧本要求模仿老鼠不同的声音，小男孩儿试着学了，效果非常好，凭着以前的揣摩和良好的功底，他很快就征服了导演和主角的心，他们很快达成一致，由他参加今晚的演出。

其实，他的角色是最不起眼儿的一个了，他只需要穿上老鼠模样的服装，装模作样

地卧在旁边，迎合着主角的表演。但毕竟是平生的第一场演出，他认真得不得了，其他演员都在休息，他却找个没人的角落不停地研究着。

表演开始了，“父亲”和一家人在院子里讲故事。鼠叫声响起来了，显然是一只老鼠在悄悄叙述着一个不为人知的故事。“父亲”继续他的讲述……这时，又一只老鼠的叫声传来，和原来的那只有着很大的区别，没有一丝一毫的相似，导演简直不相信这两个声音出自同一人之口。小男孩儿趴在地上，嘴里不停地学着各种各样的鼠叫，渐渐地，他的声音征服了在场的所有人，几乎所有的目光都转移到他的身上，等到最后，他同时模仿两只老鼠打架的声音。简直像是一种天籁之音，舞台下掌声雷动，他们纷纷将鲜花抛给这只可爱的小老鼠。

表演结束时，照例，所有的演员会到舞台上谢幕，一群天真可爱的小孩子包围了他，嚷着要他签名，这个名不见经传的小男孩儿的故事很快传遍了千家万户，他的新闻也登上了第二天报纸的头版。

那晚，虽然他没有一句台词，却用另外一种方式征服了在场的所有人，他抢了整场戏的风头，简直成了整出戏的主角和最大的亮点。后来，他说的一句话让所有人难忘：如果你用演主角的态度去演一只老鼠，老鼠也会成为主角。

这个年轻人，就是英国当红明星奥兰多·布鲁姆，他因在《魔戒》中的出色表现而一举成名。许多时候，命运赐予我们的只是一个小小的角色，与其怨天尤人，倒不如全力以赴。再小的角色也可以成为主角，哪怕你一句台词也没有。

成长课堂

家境贫寒的奥兰多·布鲁姆从小酷爱舞台，梦想成为一位主角，为了这个梦想，他认真地对待着一个老鼠的角色。虽然角色渺小，但他却用自己的方式征服了观众，成为一位主角。在实现梦想的过程中，我们要抓住每一次机遇，哪怕它极其渺小。

男子汉宣言

当机遇降临到我头上时，我要紧紧地抓住它！

李斯·布朗：我就是你要的人

著名的播音员李斯·布朗出生在迈阿密附近的一个穷苦之家。没多久，他就和他的双胞胎兄弟被厨房女工玛米·布朗收养了。因为李斯很好动，说话口齿不清但又喜欢说个不停，因此从小学到中学，李斯都被编到专为有学习障碍学生所设的特教班，毕业后，他就在迈阿密海滩做清洁工，但他却梦想成为播音员。

晚上，李斯会把晶体管收音机抱上床，收听当地播音员的演播。他的房间很小，塑胶地板也残破不堪，但他却在里面创造了一个想象的电台，他练习把唱片介绍给假想的听众，梳子就被用来当做麦克风。

有一天，李斯在市区除草，利用午餐休息时间大胆地走到当地的电台。他走进电台经理的办公室，告诉经理他想成为音乐节目的播音员。这个经理上下打量这个戴斗笠、衣衫褴褛的年轻人，问道："你有广播的背景吗？"李斯回答说："没有。先生，我没有。"

"那么，孩子，恐怕我们没有适合你的工作。"

李斯很有礼貌地向他道谢，然后离开了。这个电台的经理以为他再也不会看到这个年轻人了！但他低估了李斯·布朗对理想的坚定执著。整整一周，李斯每天都去电台询问是否有任何工作机会，最后电台经理投降了，只好雇李斯当小弟，但没有薪水，刚开始时，李斯帮不能离开录音室的播音员拿咖啡或午餐、晚餐，最后李斯工作的热诚赢得了播音员的信任，让李斯开他们的凯迪拉克去接来访的客人。

在电台里，人家叫李斯做什么，他就做什么，甚至他还做得更多。和播音员混在一起时，李斯就学他们在控制板上的手势，

李斯待在控制室里尽可能地吸收他所能吸收的，直到播音员要他离开，然后晚上在他自己的卧室里，他就反复练习，为他深信会出现的机会做万全的准备。

一个周末下午，李斯待在电台里，一个叫洛可的播音员一边喝酒，一边现场播音，除了李斯和洛可外，大楼里没有其他人，李斯明白洛可一定会出纰漏，他密切注意着，而且在洛可的录音室窗口前来回踱步。

李斯很渴盼这个机会，而且他也预备好了！电话铃声响起时，李斯扑过去接，正如所料，是电台经理打来的，让他找一个播音员来接手。

李斯等了约15分种才打电话给经理，李斯说："克莱恩先生，我找不到任何人。"然后，克莱恩先生就问："小伙子，你知道如何操作录音室的控制装置吗？"李斯飞进录音室，轻轻地把洛可移到旁边，然后就坐在播音台前，他已经准备好了，而且跃跃欲试，打开麦克风的开关，他说道："听着，我是李斯·布朗，您的音乐播放大师，年纪尚轻，爱和大家混在一起，我领有注册商标、货真价实，绝对有能力让你满足，让你动感十足，听着，宝贝，我就是你要的人！"

这次的表现显示李斯已经到了炉火纯青的境界，他让听众和他的经理刮目相看，从这次命中注定的好运道开始，李斯就相继在广播、政治、公共演说及电视方面取得了辉煌的成就。

成长课堂

机会只垂青有准备的人，当一个人为了自己的目标做好了充足的准备之后，没有任何力量能够阻止他的前进脚步，虽然机会的出现看似很偶然，但李斯的成功是必然的，因为他已经为这个目标准备了二十年。

男子汉宣言

为自己的目标做好准备，我就有获得机会的那一天。

功夫之王李小龙

1940年11月27日，他出生在美国三藩市，英文名叫布鲁斯·李。因为父亲是演员，他从小就有了跑龙套的机会，于是产生了想当一名好演员的理想，由于身体虚弱，父亲便让他拜师习武来强身。1961年，他考入华盛顿州立大学主修哲学，后来,他像所有正常人一样结婚生子。但在他内心深处,一刻也不曾放弃当一名演员的理想。

一天，他与一位朋友谈到理想时,随手在一张纸上写下了自己的人生目标——“我，布鲁斯·李，将会成为全美国最高薪酬的超级巨星。作为回报，我将奉献出最激动人心，最具震撼力的演出。从1970年开始，我将会赢得世界性声誉，到1980年，我将会拥有1000万美元的财富，那时候我及家人将会过上愉快、和谐、幸福的生活。”

写下这张便笺的时候，他的生活正穷困潦倒。不难想象，如果这张便笺被别人看到，会引起什么样的嘲笑，所以李小龙写下了这些话之后，看了又看，但是他没有勇气拿给别人看，他想，我只需要把这些话记在自己的心里就足够了。他拿起一本书，把那张写着他的梦想的便笺夹在里面。他相信自己终究有一天可以实现这个梦想，把这张纸变成一个活生生的现实的。

他把这些话深深铭刻在心底。为实现理想，他克服了无数常人难以想象的困难。比如，他曾因脊背神经受伤，在床上躺了4个月，但后来他却奇迹般地站了起来。1971年，命运女神终于向他露出了微笑。他主演的电影《唐山大

兄》《精武门》《猛龙过江》均刷新香港票房纪录，1972年，他主演了香港嘉禾公司与美国合作的《龙争虎斗》，这部电影使他成为一名国际巨星——被誉为“功夫之王”。1998年，美国《时代》周刊将其评为“20世纪英雄偶像”之一，他是唯一入选的华人。他就是李小龙——一个“最被欧洲人认识的亚洲人”，一个迄今为止在国际上享誉最高的华人明星。

男孩卡片

滑翔伞

滑翔伞最初是起源于阿尔卑斯山区登山者的突发奇想，1978年，一个住在阿尔卑斯山麓沙木尼的法国登山家贝登用一顶高空方块伞从山腰起飞，成功地飞到山下。一项新奇的运动便形成了。由于该项运动独特的刺激性，在欧美国家得到广泛普及，仅在欧洲，滑行伞飞行者已有300多万人，在我国也已成为广大航空爱好者向往、追求和迷恋的体育运动。目前飞行伞留空时间的世界纪录已达24小时，飞行直线距离350公里。

1973年7月，事业刚步入巅峰的他因病身亡。在美国加州举行的“李小龙遗物拍卖会”上，这张便笺被一位收藏家以29万美元的高价买走。同时，2000份获准合法复印的副本也即被抢购一空，以至拍卖会的主持人大叫“这就是你们有必要把想到的事情马上写下来的原因所在”。

写下你的理想，哪怕是在一张不起眼儿的便笺上。

成长课堂

把理想写在一张便笺上，并不会因此让你的理想贬值，因为它的力量在于对一个人的召唤，有了这种召唤，我们就会一直前进。当李小龙把这张写着自己理想的纸条拿起来的时候，他其实是把理想写在了自己的心里。

男子汉宣言

行走在理想的道路上，我只有靠自己的双脚跋涉，才能真正体会成功的甜蜜。

读了这么多精彩的故事，和故事中的主人公比起来，你觉得自己能成为一个目标明确的小男子汉吗？不妨来训练营锻炼一下自己吧！

十个月完成不朽著作

维克多·雨果是19世纪浪漫主义文学运动领袖，人道主义的代表人物，被人们称为“法兰西的莎士比亚”。他15岁时在法兰西学院的诗歌竞赛会得奖，17岁时在“百花诗赛”得第一名，20岁时出版了诗集《颂诗集》，因歌颂波旁王朝复辟，获路易十八赏赐，之后写了大量异国情调的诗歌。《巴黎圣母院》是雨果的第一部大型浪漫主义小说，当初出版商只给雨果5个月的期限，如果不按时交稿，便要罚款。恰巧，雨果搬家，丢了笔记本，他要求老板放宽期限，老板同意再给五个月的时间。这多出来的五个月时间可以说是雨果争取来的重新开始的机会，所以他特别重视，断绝了一切的游玩，一心扑在创作上。

你知道，这么短的时间，雨果是怎么样写作的呢？

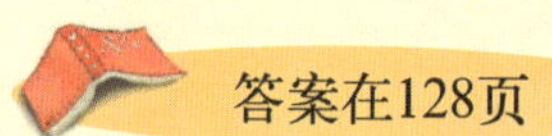
答案在128页

《坚守你的高贵》答案：

莱伊恩非常苦恼，坚持自己原先的主张吧，市政官员肯定会另找人修改设计；不坚持吧，又有悖自己为人的准则。矛盾了很长一段时间，莱伊恩终于想出了一条妙计，他在大厅里增加了四根柱子，不过这些柱子并未与天花板接触，只不过是装样子。三百多年过去了，这个秘密始终没有被人发现。直到近些年，市政府准备修缮大厅的天花板，才发现莱伊恩当年的“弄虚作假”。消息传出后，世界各国的建筑专家和游客云集，当地政府对此也不加掩饰，在新世纪到来之际，特意将大厅作为一个旅游景点对外开放，旨在引导人们崇尚和相信科学。

第四章

善于学习思考——获得成功的秘密武器

以前的我

考试失败，我都不会去仔细思考原因。

我将试卷扔在桌子上，躺在床上休息。

现在的我

我仔细总结考试失败的原因。

试卷发下来了，看着上面的90分，我很开心。

以前的我

老师带领我们观察自然现象。

观察自然实验，我只会写出现象。

现在的我

我认真思索总结了现象中隐藏的科学原理。

老师将我的总结贴在黑板上，让大家学习。

以前的我

妈妈给我买了很多课外书。

我将妈妈买来的课外书堆在旁边。

现在的我

我兴致勃勃地看课外书，吸收知识。

我给小伙伴们讲最新的武器知识。

以前的我

每次聚会，大家都要等我。

每次聚会，我所走的路线总是最远。

现在的我

我通过比较，选择距离最近的路线。

这次聚会，我是第一个到达的。

做事总是凭直觉，吃过一次亏也不会记得下次避免；明明有多个选择，可是我总是选到那个最差的办法；从来不主动看书，不愿意学习……仔细想一想，原来我这样不善于学习思考！从现在开始，我要积极动脑，经常思考，努力学习各种知识，争取成为一个真正的男子汉！

1. 我要做一个难题备忘录，把遇到的难题归类总结，寻找它们的规律。

2. 遇到奇怪的自然现象，要努力探究其中隐藏的科学道理。

3. 每一件事情，我都要为它多想几种解决的办法，并选择最优的那一个。

4. 我要找到适合自己的学习方法，让自己的学习更加有效率。

5. 下一次做实验，我不能光急着动手，要先想好实验的步骤。

爱思考的比尔·盖茨

比尔·盖茨是微软公司前主席和首席软件架构师。他是一个天才，13岁开始编程，并预言自己将在25岁成为百万富翁；他是一个商业奇才，独特的眼光使他总是能准确看到IT业的未来，独特的管理手段，使得不断壮大的微软能够保持活力；他的财富更是一个神话，39岁便成为世界首富，并连续13年登上福布斯榜首的位置。

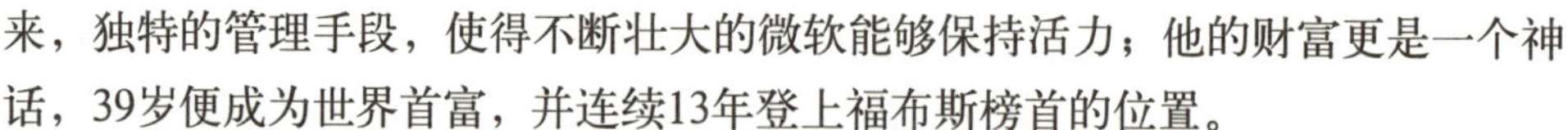

比尔·盖茨是当今全美的首富，个人资产达500多亿美元。年纪轻轻的就迅速地取得了如此巨大的成就，他是如何迅速地取得这么大的成就呢？又如何准确地把握了发展的前景呢？他少年时代的一个故事，也许对我们理解这个问题有所帮助。

在比尔·盖茨读小学六年级的时候，他就已经养成了爱阅读的好习惯，那个时候的比尔喜欢各类型的书籍，每遇到一本新书都会引起他无限的兴趣来。他终日埋头苦学，最喜欢躲在地下室里。就连母亲叫他吃晚饭时，他也总是爱理不理。

“你究竟在搞什么呀？”母亲有一次实在气坏了，冲着室内的扬声器吼起来。

“我在思考。”盖茨用同样的嗓门回敬。

“你在思考？”妈妈犯疑了。

“是的，妈妈！”盖茨语不饶人，同时发出反问，“妈妈，你试过思考么？”

思考，便是比尔的生活中最为重大的一个部分，一直到他事业有成之日，他每天只睡6个小时，其余时间仍旧是思考与工作，他自认为是工作狂，当然也是个思考狂。思考使他开心，忙碌使他精神百倍。

他经常几个小时地连续阅读一本几乎有他体重1/3的大书，一字一句地从头到尾地看。他常常陷入沉思，冥冥之中似乎强烈地感觉到，小小的文字和巨大的书本，里面蕴藏着多么神奇和魔幻般的一个世界啊！文字的符号竟能把前人和世界各地人们的无数有趣的事情，记录下来，又传播出去。他又想，人类历史将越来越长，那么以后的百科全书不是越来越大而更重了吗！能有什么好办法造出一个魔盒那么大，就能包罗万象地把一大本百科全书都收进去的东西，该有多方便。这个奇妙的思想火花，后来竟被他实现了，而且比香烟盒还要小，只要一块小小的芯片就行了。

盖茨看的书越来越多，想的问题也越来越多。他坚持写日记，随时记下自己的想法，小小的年纪常常如大人般地深思熟虑。他很早就感悟到人的生命来之不易，要十分珍惜这来到人世的宝贵机会。他在日记里这样写道：人生是一次盛大的赴约，对于一个人来说，一生中最重要的事情莫过于信守由人类积累起来的智慧所提出的至高无上的诺言……那么诺言是什么呢？就是要干一番惊天动地的大事。他在另一篇日记里又写道：也许，人的生命是一场正在焚烧的火灾，一个人所能去做的，就是竭尽全力从这场火灾中去抢救点儿什么东西出来。这追赶生命的意识，在同龄的孩子中是极少有的。

这种爱思考的好习惯，让他在日后的学习中不断走在同龄孩子的前面，终于在他大学期间找到了创业的机会，并一举成为世界首富。

成长课堂

思考和付出决定明天的收获。只一味地埋头苦干的人，只能重复别人走过的路；善于思考的人则不满于现状，勤于动脑，时刻渴望改变创新，为自己获取更大的财富，为人生找到更好的出路。

男子汉宣言

养成勤于思考的好习惯，让自己的生命迸出更多火花！

善于发现的亨利·福特

1879年，17岁的亨利离开了家乡，来到底特律，开始了他的汽车生涯。为了积累创业资本，白天，他在密歇根汽车公司做机修工，晚上匆匆吃点儿东西便赶往一家珠宝店修钟表。在修钟表的工作中，亨利发现，大多数钟表的构造其实可以大大简化，如果能通过分工，采用标准相同的部件，钟表的制造成本可以大大降低。从此，简化部件、大批量生产、最大限度地降低成本、做出更多更好更便宜产品的经营思路在亨利的头脑中逐渐清晰起来。

后来，亨利拥有了属于自己的一家小型汽车公司。那个时候，每个人负责的都是一整套程序。比如装一辆汽车，装轮子、刹车、座位、引擎等工序都是由同一个人来完成的，这样的结果便是不但要求这个人的技术非常全面，而且工作效率也非常低。

一天，亨利无意中发现，屠宰场的工人在屠宰牲畜时，不是每个人都负责分割一个完整的牛或猪，而是将一头宰好的牛体或猪体从很多切肉工人面前移动经过，每一个切肉工人只割下特定的某个部分。这一发现让亨利备受启发，他想，这样的操作是否也可以用在汽车生产上呢？

抱着试试看的心理，亨利把这一发现用在了一个叫做磁石发电机的部件生产上。他不让每个工人组装一台完整的磁石发电机，而是将发电机的一个部件放在传送带上，在它经过工人面前时，每个工人都给它添装上一个部件，每次都装配同样的一个部件。亨利惊奇地发现，完成整个组装过程的工人，平均每人每20分钟组装

一台磁石发电机。可是那一天，在这条装配线上的装配组，每人平均每13分10秒钟就组装一台。

根据从装配磁石发电机得到的经验，亨利改革了汽车装配的全过程：用绳子钩住部分组装好的车辆被拖着从工人身旁经过，工人们一次只组装上一个部件，由此，世界上第一条流水生产线诞生了。

连亨利自己也没想到的是，这一非凡的创举竟然让一切都随之改变，在此之前，每装配一辆汽车需要728个人工小时，而亨利的流水线，使得这一时间降为125小时。在进入汽车行业的第12年，亨利的流水线生产速度已经达到了每分钟一辆汽车的水平，5年后，又进一步缩短到了每10秒钟一辆汽车。在此之前，汽车是富人的专利，是地位的象征，售价很高，而伴随着流水线的大批量生产，价格急剧下降，低廉的价格使成千上万的普通家庭进入到了汽车时代。

晚年，亨利在他的自传体小说《我的财富人生》中说道：“我们的机会是与生俱来的，那些认为没有机会发展的人，我不知道他们所指的机会是什么。其实，机会到处都存在，我们每个人生来都有机会，这一机会便是创新和发现。”

给生命一束发现的目光，因为“真正的发现之旅不在于发现新的领域，而在于拥有新的目光”。

成长课堂

不断地发现问题，提出问题，并努力思考解决问题，这样你会发现生命中存在很多机会。亨利善于思考，因此能够取得如此大的成就。用一双善于发现的眼睛去看待生活中的事物，你会获得更多。

凡事都要问个为什么，这样会让我收获很多！

看棒球学数学的格林·斯潘

世界经济的著名“调音师”——格林·斯潘说，他对数学的精通和兴趣，全然来自于棒球，因为棒球，使他成为一名成功的经济学家。

格林·斯潘很小的时候便开始迷恋上棒球，很小的时候，他便追随着父亲来到棒球场，看着大人们在场中挥汗如雨地打球，小格林很希望自己也可以下场去打一局。可是父亲告诉他，你的年纪还太小，拍子都拿不稳，怎么能打球呢。不过看到格林这么希望参与进来，于是就让他来给比赛计分。

可棒球的计分规则对于这么一个小不点儿来说，实在是有些复杂。为了看棒球比赛，格林斯潘努力地动脑筋，琢磨棒球里的数学问题。每一次父亲打球的时候，他都会在一边努力地计算着得分，从开始的懵懂，经过了短短几个星期，到后来他精通了棒球计分制度。他后来回忆说，他对统计学的敏锐，全然得益于此。因为棒球，他不得不勤奋地学习分数，只有这样，他才能搞懂有关棒球赛的平均数问题。

格林·斯潘出生在美国纽约，父亲是个股票经纪人，母亲在零售店工作。小时候因为父母离异，格林·斯潘跟随母亲生活，遇到零售店忙时，母亲就让格林·斯潘来帮忙。格林·斯潘5岁时，就成为零售店的“义务”收银员。

在零售店里做收银可不是一件简单的事情，需要快速、准确地计算每一个顾客应付的钱，并且快速找钱给别人。这个过程往往只要几十秒钟就要完成，因为没有人愿意在零售店里耽误时间。其实，小格林会被这些数字搞得晕头转向，总是找错了钱，或者错收了客人的钱。但是他没有气馁，经过不断锻炼，格林·斯

潘的数学能力再次得到提高，并最终显示出过人的数学才能。

094型弹道导弹核潜艇

094型弹道导弹核潜艇，将装备中国最先进的巨浪-2型弹道导弹。该导弹的最大射程8000公里，分导式弹头，可携带3～6个分弹头，每个弹头爆炸当量为20万吨TNT。一艘094可装备16枚巨浪-2型导弹，也就是说一艘094装备的所有导弹的总爆炸当量高达960万至1920万吨TNT！094只要进入中太平洋，射程8000公里的巨浪-2型导弹，其射程就足以覆盖整个欧亚大陆、大洋洲和美洲，如果每枚导弹仅装备3个弹头，一艘094就能同时打击48个目标。

因为自己的经历，格林·斯潘总是对美国的教育界说，美国的数学教育应该以一种“有趣的方式”在小学展开，就像他小时候迷恋棒球和算账一样。不要觉得体育锻炼只是体能上的训练和提高，似乎完全与学习无关。事实上，在世界上的任何一个角落、任何一个瞬间，都可能发生与数学有关的事件，体育亦如此。把有趣的方法应用到学习中去，是让小学生们能快速提高学习效率的好办法，深受这种办法益处的格林·斯潘正是一个明证。

成长课堂

在我们生活中的各个方面都存在着学习的乐趣，当我们把这些乐趣发扬光大，就会带来意想不到的收获。一个计算棒球得分和零售店收银的小男孩儿，也可以通过这样的方法成长为一个影响世界的经济学家呢！

男子汉宣言

在生活的乐趣中寻找学习的方法，会有效提高我的学习效率。

"鬼迷心窍"的法布尔

让-亨利·卡西米尔·法布尔，是法国昆虫学家、动物行为学家、作家，被世人称为"昆虫界的荷马，昆虫界的维吉儿"。

法布尔出生在法国南部山区的一个小村庄里，环境十分优美。自然万物的美深深地吸引了他，他从小就喜欢观察动物，热衷于将山楂树当床，将鳃角金龟放在山楂小床上喂养，他想知道为什么鳃角金龟穿着栗底白点儿的衣裳；夏日的夜晚他匍匐在荆棘丛旁，伺机逮住田野里的"歌手"，他想知道是谁在荆棘丛里微微鸣唱。昆虫世界是那么奇妙莫测，童年的法布尔总是睁着一双明亮的眼睛，警觉地注视着虫儿和花草，好奇心唤起了他探求昆虫世界真相的欲望。

在他5岁的时候，一天晚上他和家人在庭院乘凉，突然听见房屋背后、荒草滩里响起一阵"唧——唧唧唧"的虫鸣声，声音清脆好听。是蟋蟀？比蟋蟀的声音小多了；是山雀？山雀不会连续叫个不停，更何况在漆黑的夜晚呢。于是他决定去看看。大人们吓唬他说，有狼，会专门吃小孩子的。小法布尔却毫不胆怯，勇敢地跑到屋后去观察个究竟。结果他发现：发出鸣叫的不是小鸟，而是一种蚂蚱。从此，他对昆虫产生了浓厚的兴趣。

八九岁的时候，父亲叫他去放鸭子。每天早晨，他把鸭子赶进池塘以后，不是在水边东奔西跑地抓蝌蚪、逮青蛙、捉甲虫，就是蹲下来静静观察奇妙的水底世界：漂亮的螺壳、来回穿梭的游鱼和身上好像披了五彩羽衣的蠕虫……

有一次，在池塘的草丛里，法布尔发现一只全身碧蓝、比樱桃核还要小些的甲虫。他小心翼翼地把它拾起来，放在一个空蜗牛壳里，打算回家再好好欣赏这珍珠一般的宝贝。这一天，他还捡了好多贝壳和彩色的石子，把两个衣袋塞得鼓鼓囊囊的。

夕阳西下的时候，法布尔欢欢喜喜赶着鸭子，满载而归。一路上，他默默地歌唱，心里甜滋滋的。尽管这歌声里没有字眼儿，可它比有字的还悦耳，比美梦还缥缈，因为它道出了池塘水底的奥秘，赞美那天仙般美丽的甲虫。

法布尔一回家，父亲见到他衣服很脏，还捡一些奇怪的东西回家，便怒气冲冲地吼道："我叫你去放鸭子，你倒好，捡这些没用的玩意儿，快给我扔了！"

"你呀整天不干正经事，将来不会有出息的，你见我还不够辛苦吗？"母亲在一旁也厉声地责备说，"捡石子干吗？撑破你的衣袋！老是捉小虫儿，不叫你小手中毒才怪呢！你呀，准是叫鬼迷了魂！"

听了父母突如其来的责骂，法布尔难过极了。屈服于压力，他只好恋恋不舍地把心爱的宝贝扔进了垃圾堆。

父母的责骂并没有驱散法布尔对昆虫的迷恋之情，强烈的兴趣已经深深种在他的心田。以后每次放鸭子，他仍然乐趣无穷地干那些"没有出息的事"，背着大人把衣袋装得满满的，躲起来偷偷地玩儿。

正是这种被"鬼迷了魂"的兴趣，把法布尔引进了科学的殿堂。后人为了纪念法布尔，为他建造了雕像。有趣的是，他的雕像的两个衣袋全都高高鼓起，好像塞满了沉甸甸的东西。

成长课堂

只有在兴趣的引导下，一个人才会投注更多的热情在学习中。在自己所感兴趣的事物中，我们每一个人都会变得更加聪明。法布尔正是因为热爱这些小昆虫，所以他才在以后做出了非凡的成就，成为了影响世人的一代科学巨匠。

在自己感兴趣的事物中，隐藏着我要成功的秘密。

博览群书的王充

王充，是我国古代杰出的思想家、哲学家。王充从小就很有志气，酷爱学习。他喜欢一个人看书，不喜欢和小朋友们一起玩耍。他的父亲见他这样，很奇怪，就问王充："你看别人家的孩子都在一起玩儿，多热闹啊！你怎么不跟大家在一起玩儿呢？"

王充低着头说："他们总是上树逮鸟，没多大意思。我不喜欢嘛！"

"那你喜欢干什么？"

"我喜欢看书写字！"王充回答。

父亲听了很高兴。王充8岁那年，父亲就送他进书馆去念书。书馆里有10多个学生，学习的成绩大不一样。古时候，对太淘气的或者不会背书的学生，老师要打手板，这个书馆里的学生每天都有挨打的。只有王充，读了几年书，没挨过打，因为他对自己的要求比老师所提出的要求还要高，老师自然没有责罚他的原因了。

有一回，老师给学生们讲《论语》和《尚书》这两部古书。讲完以后的第3天，老师让王充背诵，王充一字不错地背了出来。老师又惊又喜，问他："你怎么这么快就背下来了？"王充回答说："您讲一段，我就背一段，一天就能背1000多字。所以，您讲完，我也就背下来了。"

"你对自己要求还真是严格，真是用功的孩子啊！"老师称赞着。

因为王充学习进步快，15岁的时候，他被送到当时的都城洛阳的太学——全国最高的学校学习。在太学里，有个著名的历史学家班彪，他知识渊博，讲课时，经常联系许多知识，范围很广。王充为了弄清老师所讲的东西，就主动把老师讲课时提到的书都找来阅读。

太学里的书差不多都读遍了。可是，还是满足不了王充的学习需要，去买书吧，家里实在困难，怎么办呢？王充想，我何不到书铺去读呢？于是，他便开

始把书铺当做自己的书房，整天钻在里面，孜孜不倦地读。不管是酷暑严寒，还是刮风下雨，他每天都早早来到书铺，帮人家干点儿零活儿，然后自己读书。他专心致志，不知疲倦，有时在书铺里一站就是一整天，吃饭、休息，全都忘了。他读完了这家书铺所有的书，又跑到那家书铺去读。他几乎读遍了街市上所有的书铺。

中子星

中子星，又名波霎、脉冲星，是恒星演化到末期，经由重力崩溃发生超新星爆炸之后，可能成为的少数终点之一。恒星在核心的氢于核聚变反应中耗尽，完全转变成铁时便无法从核聚变中获得能量。失去热辐射压力支撑的外围物质受重力牵引会急速向核心坠落，有可能导致外壳的动能转化为热能向外爆发产生超新星爆炸，或者根据恒星质量的不同，整个恒星被压缩成白矮星、中子星以至黑洞。中子星又称脉冲星，是除黑洞外密度最大的星体，同黑洞一样，也是20世纪60年代最重大的发现之一。

有一次，几个太学生对老师说："王充知识广博，记性又好。不仅是经典和诸子百家，他都说得头头是道，而且像太阳月亮啊，云雨雷电什么的学问，他也知道。"老师听了，夸赞他说："王充真是通百家呀！"

王充后来写了一部书叫《论衡》。这本书他从30多岁一直写到60多岁，共写了30多年。《论衡》这本书，记录了王充的许多进步思想，充满了唯物主义色彩。在今天，它仍然有很重要的理论价值和学术价值。

成长课堂

一个热爱学习的人，对自己的要求也会比别人高。因为这种热情，让他可以博览群书而不知饥渴，为了读到更多的书而付出别人都没有的努力，也正是这种爱学习的精神，让王充成为中国历史上最早的唯物主义者，从而青史留名。

男子汉宣言

把学习的热情调动起来，我还可以更努力。

勤奋好学的葛洪

葛洪是我国晋代著名的炼丹家和医药学家。他早年家境衰落，自幼勤奋好学，广泛涉猎，成为一个学识渊博的人。

葛洪之所以能成为我国晋代著名的炼丹家和医药学家，与他一生刻苦学习是分不开的。平时他寡言少语，爱动脑筋，善于思考，爱好幻想，对自然界发生的一些现象都有浓厚的兴趣，都想要了解个究竟，并去揭开它们的奥秘。他少年丧父，与母亲相依为命，过着清贫的生活。为了减轻母亲的负担，他经常帮助家里做些杂事，一有空便去读书，并喜欢读炼丹以及医术方面的书籍。

一天，葛洪与邻居几位同龄少年上山砍柴，在泉水旁吃完点心，正准备下山时，忽然间下起了瓢泼大雨。小伙伴们急忙在一棵大树下躲雨，而葛洪却仍站在大雨中望着茫茫的天空沉思起来：是谁在一瞬间搅得乌云翻滚？又是谁引来风雨雷霆？一会儿，雨过天晴，东方天空悬挂着一弯五彩缤纷、鲜艳夺日的彩虹。小伙伴们挑着柴草，边下山边对彩虹叽叽喳喳地议论着：“这道虹一定是蛟龙吐的气！”“不，那是神仙搭的彩桥！”“都不对，那是天上王母娘娘在晒彩带。”葛洪暗暗想：“是龙吐气，为什么在雨后才有？神仙会腾云驾雾，造桥又有何用？王母娘娘晒彩带，又怎能抛下人间？”葛洪真希望能够从书本上找到这些答案。可是，家里一贫如洗，哪里还有钱买书！他想：“如果不花钱又有用不完的笔墨纸就好

了，这样我不就能够同样得到读书识字的机会吗？”

有一天，葛洪在灶间帮助母亲烧火做饭。他将山上砍来的干柴放进灶膛里燃烧，再把烧成乌黑的木炭捡出来。就在这放进去捡出来的机械动作中，他突然像发现什么似的，边跳着双脚，边高声喊着：“哦，有办法了！这木炭就是我的笔，山上的石板和岩壁就是我所要用的纸，不花钱还用不完呢！”

从此以后，他每天用干荷叶包木炭，揣在怀里上山，休息时，便在石板、岩壁上练字、默写。他每次上山砍柴都按这一办法做，日复一日，靠着这用不完的笔和纸，他的字愈写愈好，默写的诗文也愈来愈多。

过了一段时间，父亲留下来的一橱书全读完、弄懂了，便向邻里借书看。再过一些时间，附近人家的书也全都看完了，他又冒着炎炎烈日到丹阳城里的大户亲戚家去借阅。

葛洪就是这样勤奋好学，小小年纪便写得一手好文章。但是，葛洪并不满足，他觉得前几年写的文章太肤浅了，于是把它们全烧了。人贵有志。从这以后他写文章加倍认真，有时为了改动一个字，废寝忘食、反复推敲，直到满意才停笔。凭着这般发奋攻读的精神，他一生中撰写了许多好文章，成为我国著名的炼丹家和医药学家。

成长课堂

葛洪在条件极其艰困的时候，仍然没有忘记学习，他用木炭做笔、用山上的石板和岩壁做纸，去邻里那里借书，烧掉不好的文章。正是拥有这样善于学习的精神，他才能够成为著名的炼丹家和医药学家。

男子汉宣言

哪怕条件再艰苦，我也要坚持读书学习。

自学成才的总统

——亨利·威尔逊

当美国马萨诸塞州一个偏远山村的一家农户中传出一声响亮的婴儿啼哭时，这个山村的宁静被这婴儿的啼哭声划破了。这个婴儿带给农户一家的既有为人父母的喜悦，又有对难以维持的贫困生活的担忧。用这个孩子后来在其自传中的话来形容，那就是“当我还在襁褓中的时候，贫穷就已经露出了它凶恶的面目”。

当这个婴儿渐渐长大，已经咿呀学语之时，父母为了维持几个孩子的温饱，不得不同时打好几份工，但即使是这样，这家人依然一天只吃一顿饭，吃了上顿没下顿，时时面临饥饿的威胁。这个孩子刚刚记事时，他就比有钱人家的同龄孩子们懂事得多，这可能就是人们常说的“穷人的孩子早当家”吧。在那时，他稍稍感到饥饿时是不会向母亲要东西吃的，只有在感到非常饥饿时才会用一双深陷在眼窝中的眼睛观察母亲，如果看到母亲脸上的表情不是十分严肃，他就会伸出一双小手向母亲要一片面包。

贫困使得这个家中的孩子们都没能受到完整的教育，本文的主人公更是在十岁就不得不出外谋生，之后当了整整十一年的学徒。学徒的工作又苦又累，如果不是被逼无奈，没有任何一对父母愿意让孩子受如此的苦难。

当结束了充满血泪的学徒生涯之后，这个孩子又到遥远的森林里当伐木工。森林离家很远，而且当地除了几名一贫如洗的伐木工之外几乎没有人烟。在森林里当了几年伐木工之后，已经长成强壮青年的他又继续依靠自己的能力干其他工作。虽然这期间的工作都十分辛苦，但是他居然利用夜间休息的时间读了千余本好书，这些书都是他在干完活儿后跑十几里山路从镇上的图书馆里借来的。就这样，他一边辛苦地工作，一边从书本中学习知识、汲取智慧。

无论面临怎样的困苦和艰难，他从来没有抱怨过任何人和任何事，即使是面对极不公平的待遇时他也仍然如此。

一次，他得知伐木厂附近的一家政府机构要招书记员。以他的能力和水平，

男孩卡片

赛艇

赛艇（rowing)是奥运会最传统的比赛项目之一。赛艇是由一名或多名桨手坐在舟艇上，背向舟艇前进的方向，运用其肌肉力量，通过桨和桨架简单杠杆作用进行划水，使舟艇前进的一项水上运动。赛艇比赛开始时，各艇在起航线后排齐。发令员发令后，各艇以最快的速度划向终点，以艇首到达终点的先后判定比赛胜负。在天然水域比赛，天气情况对比赛成绩会产生影响，甚至前后两组比赛时的天气也会发生变化，因此比赛成绩也不具有绝对的可比性。所以，赛艇比赛成绩没有世界纪录。

他是完全可以胜任书记员这一职务的，于是工友们都支持他去报名。结果在报名时，一位负责人不屑一顾地告诉他："要想成为这家机构的书记员，首先要有高等学历，同时还要有当地资金丰厚的人愿意担保。"这两项条件他都不符合。

当初拒绝过他的那位负责人可能怎么也不会想到，就这样一个几乎完全依靠自学获得知识的孩子竟然在四十岁左右的时候以绝对优势打败竞争对手进入美国国会，后来，他又因为出色的政绩成为人们爱戴的美国副总统。他就是美国历史上最优秀的副总统之一——亨利·威尔逊，无论是他本人，还是他为美国历史，都创造了令世人瞩目的伟大成就。

成长课堂

不要因为一时的成败或者不如意而影响了我们对自己的信心，也不要因为出身的贫苦而限制自己的成就。出身贫困不见得终生潦倒，出身富贵也不见得一生荣华。正是这种自强不息的奋斗和强烈的责任感让威尔逊获得了成功。

一时的成败不代表永远，只要我坚持奋斗，就能获得想要的成功。

铁窗下的数学家彭色列

1812年，法国皇帝拿破仑率领六十万大军侵入俄国，他们虽然打进了俄国首都莫斯科，但是遭到俄国军民的顽强抵抗，最后还是惨遭失败。兵士们死的死、伤的伤，最后只剩下2万人随拿破仑逃回法国。俄国士兵在搜索战场的时候，在死人堆里发现了一名奄奄一息的法国军官。这名军官名叫彭色列。

彭色列原是巴黎一家工艺学校的毕业生，虽然当时他只有24岁，在数学上却已经很有成就。在这次法国入侵俄国的战争开始之前，根据拿破仑的强迫征兵制，他被编入法国军队做工兵军官。被俘之后，经过4个多月的长途跋涉，他被押送到了战俘监狱。

在监狱里，彭色列没有气馁，也没有忘记他心爱的数学。作为一名战俘，他手头没有任何资料，他凭着自己的记忆力，重温着从老师那里学到的数学知识，在监狱的石墙上进行着大量的运算。有时候监狱里的长官看到这个人在墙上写写算算，觉得很奇怪。但是他的行为又没有触犯监狱的规定，所以对他也不加理会。

就是在这样的条件下，彭色列把自己的想法逐一罗列在墙上，只要房间里有光亮，他就会努力去辨别思考，就算是吃饭的时候他也会盯着墙上的那些公式，反复推算。没有纸和笔，是让他最为发愁的事情，因为复杂的公式和运算没有了这两样东西进行起来很困难，但是这也没能让他停下来，他依旧发挥着自己的潜能，不停地做着运算。

后来，他设法弄到了一些纸张，这样就可以记录下他思考的结果。在监狱恶劣的条件下，彭色列进行着当时一门新的数学分支——射影几何学的研究。

一年半之后，彭色列终于被

释放了，他带着他在狱中写下的七大本数学笔记回到法国，担任了母校的数学教授，对自己在狱中的研究成果做了更加细致的补充和修订，并予以出版，为射影几何学的发展奠定了理论基础。

潜水

今天职业潜水的前身，要算160年前英国的郭蒙贝西发明的从水上借助运送空气的机械潜水，也就是头盔式潜水。这种潜水于1854年首次在日本出现。在二次世界大战期间，开发了一种特殊军事用的“空气罩潜水器”，采用的是密闭循环式，并有空气瓶的装置。二战末期，法国开发了开放式“空气潜水器”，1945年前后这种潜水器在欧美非常流行。近几年来由于潜水器材的进步，带动潜水运动蓬勃发展，投身于潜水和喜欢潜水运动的人也越来越多。

可以说，在铁窗下，彭色列度过的是一段黄金岁月。虽然那段时间充满了艰辛，但是再艰难的条件也无法阻止他对数学的热爱，他把自己的热情在这段时间里完全激发出来，把眼前的困难变成激励他前进的动力，虽然缺少纸、笔这样的最基本的工具，但是他还是坚持了下来，就是在这样的条件之下，他取得了丰硕的研究成果。

成长课堂

身处监狱，看不到希望和未来，在这样极其恶劣的环境下，彭色列依然没有放弃自己的理想，继续思索、学习、进步，最终取得令人瞩目的成就。所以说无论处于怎样的困境，受到多大的挫折，只要不放弃学习，就一定能取得优异的成绩。

不管面对什么样的困难，只要我不放弃就会取得成功。

齐白石四年学画

两个年轻人酷爱画画，一个很有绘画的天赋，一个资质则明显差一些。20岁的时候，那个很有天赋的年轻人开始沉醉于灯红酒绿之中，整天美酒笙歌醉眼迷离，丢掉了自己的画笔。

而那个资质较差的年轻人则没有。他生活虽然极为贫困，每天需要打柴、下田劳作，但他始终没有丢掉自己钟爱的画笔。每天回来得再晚、再累，他都要点亮油灯，伏案在破桌上全神贯注地画上一个钟头。即使在他做木匠走村串户为别人打制桌椅床柜的时候，他的工具箱里也装着笔墨纸砚。休歇的短暂间隙，行路时的路边稍坐，他都会铺上白纸，甚至以草棍代笔，在泥地上画上一通。40年后，他成功了，从湖南湘潭一个名不见经传小镇上的一介平凡木匠成了蜚声世界的画坛大师。

这个人就是齐白石。

齐白石成功后，曾和他一起酷爱过绘画的那个年轻人到北京来拜访过齐白石，不过，他同已自称“白石老人”的齐白石一样，已经是个年过六旬的老头儿了。两个人促膝交谈，齐白石听他慨叹美术创作的艰辛和不易，听他述说对自己从事绘画半途而废的深深惋惜。齐白石听完莞然一笑说：“其实成功远不如你想的那么艰辛和遥远。从木艺雕刻匠到绘画大师，仅仅只需要4年多的时间。”

“只需要4年多一点儿？”那

个人一听就愣了。

齐白石拿来一支笔一张纸伏在桌上给他计算说，我从20岁开始真正练习绘画，35岁前一天只能有一个小时绘画的时间，一天一小时。一年365天，只有365小时，365小时除以24。每年绘画的时间是15天。20岁到35岁是15年，15年乘以每年的15天，这15年间绘画的全部时间是225天。35岁到55岁的时候，我每天练习绘画的时间是2小时，一年共用730小时，除以每天24小时，总折合是31天。每年31天乘以20年合计是620天。从55岁至60岁。我每天用于绘画的时间是10小时。每天10小时，一年是3650小时，折合152天。20岁到35岁之间的225天，加上35岁到55岁之间的620天，再加上55岁到60岁时的760天。我绘画用1605天，总折合4年零4个月。

4年零4个月，这是齐白石从一个乡村懵懂青年成为一代画坛巨匠的成功时间。很多人对齐白石仅用了4年零4个月的成功时间很惊愕。但何须惊愕呢？当然，表面上看是4年零4个月。但在其背后，付出的努力是无法用时间来计算的。

成功离我们每个人并不远，学习也不需要太长的时间，只要你坚持，只要你勤奋，成功的阳光便很快会照射到你忙碌的身上。

成长课堂

把每天用来休闲的时间除掉之后，我们所用来学习的时间，其实非常短暂，而要在如此短暂的学习时间中，获得非凡的成功，又谈何容易？所以，要想获得成就，必然要在学习上多下苦功。白石老人虽然说自己只用了4年，但是这些时间却让他坚持了40年来完成。

男子汉宣言

坚持每天多学习几分钟，我也可以收获属于自己的成就。

男子汉
训练营

读了这么多精彩的故事，和故事中的主人公比起来，你觉得自己能成为一个善于学习思考的小男子汉吗？不妨来训练营锻炼一下自己吧！

一个问号引出的科学

1921年，印度科学家拉曼在英国皇家学会上作了声学与光学的研究报告，然后取道地中海乘船回国。甲板上漫步的人群中，一对印度母子的对话引起了拉曼的注意。“妈妈，大海为什么是蓝色的？”年轻的母亲一时语塞，求助的目光正好遇上了在一旁饶有兴味倾听他们谈话的拉曼。拉曼告诉男孩儿：“海水所以呈蓝色，是因为它反射了天空的颜色。”

在此之前，几乎所有的人都认可这一解释。它出自英国物理学家瑞利勋爵，这位以发现惰性气体而闻名于世的大科学家，曾用太阳光被大气分子散射的理论解释过天空的颜色。并由此推断，海水的蓝色是反射了天空的颜色所致。但不知为什么，拉曼总对自己的解释心存疑惑，那个充满好奇心的稚童，那双求知的大眼睛，那些源源不断涌现出来的“为什么”，使拉曼深感愧疚。

你知道，在这之后又发生了什么故事吗？

答案在148页

《苹果被冰雹砸伤了》答案：

农夫开动脑筋，想到了一个绝妙的办法，他在苹果的包装上打出了这样的广告词：“亲爱的顾客，您注意到了吗？在我们的脸上有一道道的疤痕，这是上帝馈赠给我们高原苹果的吻痕——高原上常有冰雹，因此高原苹果才有美丽的吻痕。如果你喜爱高原苹果的美味，那么请记住我们的正宗商标——疤痕！”农夫的这则绝妙的广告起到了神奇的效果，他的苹果不仅没有滞销，而且销量比往年还好。

第五章

严于律己——获得成功的关键秘诀

以前的我

妈妈规定了我和弟弟看电视的时间。

弟弟每天看半小时电视，我却看到半夜。

现在的我

时间到了，我主动将电视关上。

我和弟弟一起按时回房间睡觉。

以前的我

老师让我带领组员打扫教室卫生。

做值日时，我让同学们把累活都做了。

现在的我

我总是以身作则抢着做最苦最累的活。

我们小组做得很好，老师表扬了我们。

以前的我

老师安排这节课自己复习功课。

老师不在的时候，我就想小睡一会儿。

现在的我

不管老师在不在，我都会认真学习。

老师对我们的表现很满意。

以前的我

妈妈让我整理房间,我不想动。

房间乱七八糟，我也不去收拾。

现在的我

我把房间收拾得整洁干净。

同学看见我整洁的房间，很佩服我。

有时候，我觉得自己真是一个“两面派”，如果爸爸妈妈在家，我就会乖乖听话，认真完成作业，可是一旦他们出去了，我就会觉得作业可以稍微推迟了一会儿再做。对于很多事情，我都不能严格要求自己。这样的习惯真是太不好了。从现在开始，我要改掉这个坏习惯，对自己严格要求，做一个真正的小男子汉！

1. 爸爸不在家监督我，我也要按照往常的时间看书、写作业。
2. 我答应了同学的事绝对不会拖延，一定要按时完成，不让他失望。
3. 虽然没有人看见我捡到了钱包，但我还是要求自己一定要交公。
4. 我要以身作则，做好小组长，并且对自己提出更高的要求。
5. 我要把老师对我提出的要求贴到桌上，时刻提醒自己注意。
6. 不管在什么情况下，对任何人，我都不能撒谎，要做一个诚实的好孩子。

萨姆·沃尔顿：不要让瑕疵影响一生

他的父亲只是一名贫穷的油漆工，仅仅靠着微薄的打工收入供他念完高中。这一年，他有幸被美国著名学府——耶鲁大学录取，但是，他却因为交纳不起大学昂贵的学费，面临着辍学的危险。于是，他决定利用假期，像父亲一样外出做油漆工，以期挣够学费。他到处揽活，终于接到了一栋大房子的油漆任务。尽管主人是个很挑剔的人，但给他的价钱却不低，不但能够交清这一学期的学费，甚至连生活费也都有了着落。

这天，眼看着即将完工了。他将拆下来的橱门板最后又刷了一遍油漆。刷好后，他便把它们支起来准备晾干。但就在这时，门铃突然响了，他赶忙去开门，不想却被一把扫帚给绊倒了，绊倒了的扫帚又碰倒了一块橱门板，而这块橱门板又正好倒在了昨天刚刚粉刷好的一面雪白的墙壁上，墙上立即有了一道清晰可见的漆印。他立即动手把这条漆印用切刀切掉，又调了些涂料补上。等一切被风吹干后，他左看右看，总觉得新补上的涂料色调和原来的墙壁不一样。想到那个挑剔的主人，为了那即将得到的酬劳，他觉得应该将这面墙再重新粉刷一遍。

终于，他累死累活地干完了，可第二天一进门，他又发现昨天新刷的墙壁与相邻的墙壁之间的颜色出现了一些色差，而且越看越明显。最后，他决定将所有的墙壁再次重刷……

最后，就连那个挑剔的主人也对他的工作很满意，付给了他酬劳。但是这些钱对他来说，除去涂料费用，就已经所剩无几了，根本不够

交学费的。

屋主的女儿不知怎么知道了事情的原委，便将事情告诉了她的父亲。她父亲知道后很是感动，在女儿的要求下，同意赞助他上完大学。大学毕业后，这个年轻人不但娶了这个屋主的女儿为妻，而且还走进了这个屋主的公司。十多年以后，他成为了这家公司的董事长。他就是如今拥有世界500多家沃尔玛零售超市的富商——萨姆·沃尔顿。

093型攻击型核潜艇

093型是一级多用途的攻击型核潜艇，其安静性、武器和传感器系统将比目前在役的091型攻击型核潜艇有很大改进。武器方面，093型除装备鱼雷和反潜导弹外，还将潜射反舰巡航导弹（中国新研制的巡航导弹）。093型攻击型核潜艇的关键作用就是为094型弹道导弹核潜艇护航（将来中国有航空母舰后还要为航空母舰护航），其地位不容置疑，所以排在中国十大高科技武器排行榜的第三位！

一点点失误可以产生一个瑕疵，一个瑕疵可以损坏一面墙壁的完美，一面墙壁又可以损坏所有墙壁，而所有墙壁却可以影响一个人的一生……瑕疵造就的结果不在于瑕疵本身，而恰恰在于我们面对瑕疵的态度。

成长课堂

面对墙壁上的瑕疵，你会做出什么样的选择？视而不见，还是重新刷涂料？沃尔顿选择了重刷，因此他获得了巨大的成功。对细节的重视，来源于对自己的严格要求，不能让一点儿失误影响自己的人生。

男子汉宣言

我要严格要求自己，关注每一个细节！

丁肇中：没有人全知全能

1976年12月10日，祖籍山东日照的物理学家丁肇中因发现了J粒子而获得诺贝尔物理学奖。在颁奖典礼上，这位出生于密西根大学城的美籍华裔坚持用汉语发言。这在当时引起了轰动，至今想起来仍然令所有的中国人感动。

2004年11月，丁肇中受我国南京某大学之邀到该校做报告。在报告会上，学校的许多学生都向这位科学巨匠踊跃提问。在与大学生展开互动交流的过程中，丁肇中对大学生们提出的问题，总是尽自己所能认真地予以回答。丁肇中认真的态度激发了更多学生的提问兴趣，其中有一位学生站起来问道："您觉得人类在太空上能找到暗物质和反物质吗？"丁肇中坦言道："不知道。"另一位学生站起来又问道："您觉得您从事的科学实验有什么经济价值吗？"丁肇中依然认认真真地答道："不知道。"又有一位学生起身问这位物理学大师："您可以谈一下物理学未来20年的发展方向吗？"丁肇中依然像回答前两个问题一样神态自然却又十分认真地回答："不知道。"

在这位对物理学作出过划时代贡献的科学巨匠连续说了3个"不知道"之后，报告厅里的所有师生不再有人站出来提问，刚才还气氛热烈的报告厅内一阵沉静。片刻之后，报告厅的各个角落几乎在同一时间爆发出一阵阵响亮的掌声，这掌声持续了好长时间。

让我们重新将注意力转回到该校学生提出的那3个问题上。类似的问题我们常常在各种各样的学术研讨会或者其他会议上听到，这样的问题实在算不得深奥和古怪，甚至算不上新颖。可是对于这样的问题，丁肇中为什么会用"不知

道”3个字来回答呢？

认真想一想，这样的问题确实还没有一个准确的答案，即使是对物理学有着深刻研究的丁肇中博士也无法给予提问者一个精确的回答。可是，他完全可以用一种比较“灵活”的方式敷衍过去，在那样的场合是不会有人与他较真的。更何况，在那些敬仰他的大学生眼中，他的回答无论是敷衍还是搪塞，都相当于金科玉律。

然而，正是因为知道自己的言行对很多人具有一定的影响力，正是基于对科学和做人的认真态度，丁肇中才勇于在那种公开场合坦然承认自己“不知道”。对丁肇中有所了解的人都知道，说“不知道”对于丁肇中来说实在是一件再平常不过的事情。无论是在接受电视台采访时，还是在重要的学术交流会上，或者是在种种报告会或演讲会上，对于自己不清楚或者不太了解的问题，他都会坦然地说一声“不知道”。他不会顾及所谓的“颜面”，他只是坚持中华民族的一条古训“知之为知之，不知为不知”。反过来想，如果不是有这种实事求是的科学态度和严谨务实的学术品格，丁肇中可能也不会取得如此令世人瞩目的成就。

成长课堂

在众目睽睽之下，承认自己“不知道”，这实在是一种不简单的勇气。正是因为具备这种严谨务实的精神和过人的勇气，“大师”才能称为“大师”。而那些明明不知却故作深沉、佯装无所不知的人充其量不过是“伪大师”罢了。

男子汉宣言

对某些事情不懂时，我要勇于承认，绝不装懂！

“超人”李嘉诚的秘诀

香港人喜欢把李嘉诚称为“超人”，他统领的“和黄”集团被美国《财富》杂志封为“全球最赚钱公司”，而美国《商业周刊》则把李嘉诚誉为“全球最佳企业家”。李嘉诚的成功秘诀，无疑是许多人都想知道的。

某一天，李嘉诚位于长江大厦70楼的办公室来了一帮特殊的客人——香港中文大学工商管理硕士课程的学生。李嘉诚和他们长谈了1个半小时，从为人处世到家庭生活，从管理作风到领导才能，有问必答、言无不尽地公开了他的成功秘诀。

有学生问：要成为领袖，必须要有眼光、有理想、有奋斗精神。除此之外，怎样才能做得比别人好？李嘉诚回答说：“要成为领袖，你提到的基本素质一定要有。要清楚，无论从事什么行业，都要比竞争对手做得好一点儿。就像奥运赛跑一样，只要快1/10秒就会赢。”他以自己的经历为例，接着说：“我年轻打工时，一般人每天工作8到9个小时，而我每天工作16小时。除了对公司有好处外，我个人得益更大，这样就可以比别人赢少许。面对香港今天如此激烈的竞争，这更加重要。只要肯努力一点儿，就可以赢多一点儿。”

李嘉诚提到，在40年代，他“年纪很小就出来工作，17岁时做一个批发商的营业员”18岁做经理，19岁当总经理，22岁创业”。他鼓励在座的学生：“只要自身条件优越，有充足准备，在今天的知识型社

会里，年轻人更容易突围而出，创造自己的事业。”

李嘉诚做出重大决策时最看重的是数字，最强调的是事前准备。他指出：“每一个决定都经过有关人员的研究，要有数字的支持。我对数字是很留意的，所以数字一定要准确。每次一开会就入正题，没有多余的话。”他每次开会前，会接触和了解有关事务，仔细研究员工们的建议，加上各部门同事都有自己的专长，所以当下属提出有用的建议时，很快便得到他的采纳。他提到一次行政会议，他在两分钟内批准了所有同事的建议。

李嘉诚不仅要求员工这么做，自己也身体力行。他说：“我虽然是做最后决策的人，但每次决定前我也做好准备，事先一定听取很多方面的意见，当做决定和执行决策时必定很快。”他特别描述了当年卖橙公司(Orange)这个历史上最大交易的传奇经过。他说：“我事先不认识对方，也从未和他见过面，只听过他的名字，那次对方只有数小时逗留在香港洽谈。因为我事先已熟悉蜂窝电话的前途，做好准备，向对方表达清楚，所以很快便可做决定。”李嘉诚是这么说的，也是这么做的，这也正是他获得成功的秘诀之一。

成长课堂

要成就一番事业，需要具备很多方面的能力，而对于李嘉诚来说，他能取得今天的成就，正是因为他不仅具备了这些能力，还在某些方面做了加强。凡事身体力行和对自己严格要求，正是这些细节将他的事业推向了更高的高峰。

男子汉宣言

只有比竞争对手做得更好，我才能超越对手，获得成功。

比尔·盖茨：尽力而为还不够

在美国西雅图的一所著名教堂里，有一位德高望重的牧师——戴尔·泰勒。有一天，他向教会学校一个班的学生们讲了下面这个故事：有一年冬天，猎人带着猎狗去打猎。猎人一枪击中了一只兔子的后腿，受伤的兔子拼命地逃生，猎狗在其后穷追不舍。可是追了一阵子，兔子跑得越来越远了。猎狗知道实在追不上了，只好悻悻地回到猎人身边。猎人气急败坏地说："你真没用，连一只受伤的兔子都追不到！"

猎狗听了很不服气地辩解道："我已经尽力而为了呀！"

兔子带着枪伤成功地逃生回家后，兄弟们都围过来惊讶地问它："那只猎狗很凶呀，你又带了伤，是怎么甩掉它的呢？"

兔子说："它是尽力而为，我是竭尽全力呀！它没追上我，最多挨一顿骂，而我若不竭尽全力地跑，可就没命了呀！"

泰勒牧师讲完故事之后，又向全班郑重其事地承诺：谁要是能背出《圣经·马太福音》中第五章到第七章的全部内容，他就邀请谁去西雅图的"太空针"高塔餐厅参加免费聚餐会。

《圣经·马太福音》中第五章到第七章的全部内容有几万字，而且不押韵，要背诵其全文无疑有相当大的难度。尽管参加免费聚餐会是许多学生梦寐以求的事情，但是几乎所有的人都浅尝辄止，望而却步了。

几天后，班上一个11岁的男孩儿胸有成竹地站在泰勒牧师的面前，从头到尾按要求背了下来，竟然一字不落，没出一点儿差错，到了最后，简直成了声情并茂的朗诵。

泰勒牧师比别人更清楚，就是在成年的信徒中，能背诵这些篇幅的人也是罕见的，何况是一个孩子。泰勒牧师在赞叹男孩儿那惊人记忆力

的同时，不禁好奇地问：“你为什么能背下这么长的文字呢？”男孩儿不假思索地回答道：“我竭尽全力。”

6年后，那个男孩儿成了世界著名软件公司的老板。他就是比尔·盖茨。

男孩卡片

052C型防空导弹驱逐舰

中国神盾战舰的出现曾经轰动世界，在2002年2艘052B型（广州级）多任务导弹驱逐舰下水之后，位于上海的江南造船厂开始基于相同的船体设计建造两艘052C型驱逐舰，但是采用更先进的武器系统和传感器明确地用于舰队防空任务。新的052C型驱逐舰的第一艘170“兰州”号在2002年后期铺设龙骨并且在2003年4月29日下水，在2004年7月服役。第二艘，171“海口”号在2003年10月30日下水并且在2005年进人服役。

泰勒牧师讲的故事和比尔·盖茨的成功背诵对人很有启示：每个人都有极大的潜能。正如心理学家所指出的，一般人的潜能只开发了2%～8%左右，像爱因斯坦那样伟大的科学家，也只开发了12%左右。一个人如果开发了50%的潜能，就可以背诵400本教科书，可以学完十几所大学的课程，还可以掌握二十来种不同国家的语言。这就是说，我们还有90%的潜能处于沉睡状态。谁要想创造奇迹，仅仅做到尽力而为还不够，特别是在关键时刻，还必须竭尽全力。

成长课堂

人的潜能是无限的，有的时候把自己放入绝境当中，反而能够激发自己的潜能，而这些潜能，是以前我们所未曾发现过的。所以我们无论做任何事情都要竭尽全力，严格要求自己，只有这样，才能到达成功的彼岸。

男子汉宣言

无论做任何事情，我都要竭尽全力，力争做到最好！

拥抱对手的王贞治

王贞治，出生于日本东京都墨田区，是20世纪60年代与70年代日本著名的棒球选手，目前担任日本职棒福冈软体银行鹰队监督（总教练）兼球团副社长、总经理。

有一次，早稻田实业学校的校队与另一所高中校队进行棒球比赛。那时，王贞治是早稻田实业学校队的队员。比赛中，他的手上起了一个血泡，但没有吱声，仍旧上了场，由于用力过猛，血泡破裂，更加疼痛。

队友发现了球上的血迹，跑了过来，问他："怎么，手破了？还能投吗？"

王贞治装作若无其事地回答："没什么，只是破了一点点皮。"

他不顾疼痛，继续参赛，而且每球都控制得恰到好处，最终以4∶0战胜了对手。比赛结束，他高兴极了，又蹦又跳，把手套抛向天空，喊道："我们胜利了！我们胜利了！我们在东京压倒群雄！"

事后，哥哥王铁成却责备他说："你那天的表现真是太糟糕了！"

他莫名其妙地问哥哥："怎么了？"

哥哥说："你想过没有，你打赢了，很高兴，得意忘形；而对手呢，他们失败了，心里会好受吗？你抛手套，高声呼喊，客观上就相当于当众羞辱对手，在他们的伤口上撒盐。希望你以后在胜利后一定要顾及对手的情感！"

哥哥的严厉批评，使王贞治的心灵受到震撼。如果在击败对手后忘乎所以，不经意地伤害了对手的尊严，的确就像在对手的伤口上撒盐。

一个不尊重对手的人，就不可能赢得对手们的尊重。王

贞治提醒自己，应该记住一句有益的箴言：任何事业都是三分做事，七分做人。

大难大事看担当，临喜临怒看涵养。胜利后的喜悦是人之常情，但不可太过分。从那次比赛之后，王贞治再也没有当着对手的面过分地宣泄胜利后的喜悦，而是非常注意尊重自己的对手，直到他被誉为世界棒球王之后也没有丝毫的骄傲。

1980年11月16日，王贞治的告别赛在日本九州熊本的藤崎棒球场进行。

比赛开始后，投手投来一个稳稳当当的球，王贞治准确而有力地把它击中，然后，做最后一次环跑各垒。当他跑过2垒，奔向3垒时，只见对方——虎队球员席上的球员全部离开了座位，整齐地排成一队，随即球场上的球员也都跑过去，大家都站定立正。

王贞治很快就明白了，对手们是在帮他画运动生涯的圆满句号。于是，他迎上前，同自己的对手一一握手，紧紧拥抱。他眼含热泪、发自内心地感谢自己的对手，激动地说："对手不是对头，而是伙伴，是老师，是挚友。没有对手就没有我的进步，没有对手就没有我的荣誉。"

对手们也都很感动，深深地佩服王贞治。这固然是因为他有精湛球艺和辉煌成就，但更是因为他有尊重对手的高尚人品。

成长课堂

在竞技场上，能让你获得别人的尊敬的，除了高超的技巧，还有更为重要的高尚品格。王贞治严格要求自己，非常尊重对手，因此在他结束运动生涯时，他获得了对手的拥抱和尊重。人品永远都是一种重要的力量。

男子汉宣言

我获得的成绩也有对手的功劳，所以我也要感谢他们。

保罗·盖蒂：不能被香烟打败

在盖茨之前雄踞世界首富榜20年之久的石油大亨保罗·盖蒂，曾经是一个有几十年烟龄的老烟民，但是在一次出差回来之后，妻子和家人再没有发现他抽过一支烟。事实上，从那次出差之后，保罗·盖蒂的双手就再也没拿过香烟。每当有人在保罗·盖蒂面前说根本戒不了烟的时候，保罗·盖蒂都会说："你不能控制你自己了吗？你就这样情愿被一支香烟打败吗？"

保罗·盖蒂清楚地记得，当年那次出差时，自己戒烟的决心就是被这个问题引起的。事实证明，在这场与香烟的较量中，他是胜利的一方。

当年保罗·盖蒂是一个不折不扣的大烟鬼，几乎每天都要吸至少两包烟，尽管当时夫人曾经多次劝过他戒烟，但是他从来就没有考虑过。一次，在他出差到一个地方时，当地正降大雨，所以他急忙赶到旅馆匆匆地住了下来。半夜时分，他忽然被一声惊雷从睡梦中惊醒，此时他想抽一支烟，于是去拿床头边的烟盒，可是烟盒却空空如也。只好再看看其他地方有没有了，他下床到衣服的口袋里找，仍然一无所获。他又打开随身携带的手提箱，结果还是一支烟也没有找到。

在这个时候，旅馆里的服务人员都休息了，要想弄到烟，他只有走出旅馆去大街上可能开着的商店里去碰运气。这样想着，保罗·盖蒂就换上了出门的衣服，然后他又从手提箱中找出雨衣。雨衣很快穿好了，他伸手去开门，就在伸出手的那一刻，他的手突然停在了那里一动也不动，"我究竟要干什么？我难道要冒着大雨深更半夜在大街上走来走去寻找一个卖香烟的商店吗？难道仅仅一支香烟就可以这样随意地控制我吗？"然后他又问自己："你就这样情愿被一支香烟打败吗？""不，我绝不会被打败！”他这样回答自己。

想着想着，保罗·盖蒂收回了开门的手，然后脱下雨衣和出门穿的衣服，换上睡衣，把床头的那只空烟盒扔到了垃圾筒，然后回到床上舒舒服服地睡了。在睡梦中他有一种摆脱控制的轻松感觉，甚至还有一种打败什么的感觉。清早起来之后，保罗·盖蒂知道，自己已经战胜了一次香烟的诱惑，他打败了这种坏习惯，这真是一个颇有纪念意义的胜利。

男孩卡片

歼-10战斗机

歼-10战斗机是我国自行研制的具有完全自主知识产权的第三代战斗机，作为新一代多用途战斗机，分单座、双座两种，性能先进，用途广泛，实现了我国军用飞机从第二代向第三代的历史性跨越。歼-10的项目验证研究从20世纪80年代开始，当时由成都飞机公司和第811飞机设计所基于流产的歼-9型战斗机进行设计。据报道，歼-10的飞行测试于2003年12月全面完成，并获得了生产许可证。

很多时候，并不是坏习惯左右着我们的生活，而是我们心甘情愿地被坏习惯所左右，况且坏习惯本来就是由我们自己养成的。如果在不经意间已经养成了某种坏习惯，如果你已经意识到了它的坏处，那就要想办法战胜它。只要有决心，小小的它一定会被你打败的。

成长课堂

是被习惯控制自己，还是自己控制习惯，这反映出一个人的自控能力，而这位石油大亨终于战胜了自己的坏习惯，让自己解脱了出来，这件事也说明了我们本身的潜能其实很大，远远胜过那些坏习惯，关键还在于你是否真的想去管理好自己，修正自己的坏习惯。

修正坏习惯，其实不是很难，从今天开始，我要改正自己的坏习惯！

用行动证明一切的丹尼斯·沃尔德

丹尼斯·沃尔德是当今美国好莱坞最为著名的喜剧演员之一，每当他谈起自己成功的原因，他总会回忆小时候父亲对自己说过的一句话。

“不要往后拖延，把帽子扔过栅栏。”这是父亲在丹尼斯小时候常常教导他的话，意思是：当你面对一道难以翻越的栅栏并准备退缩时，先把帽子扔到栅栏的另一边，这样，你就不得不强迫自己想尽一切办法越过这道栅栏，而且不管你多么忙，你都会立即安排时间来做这件事。

丹尼斯的父亲出生在距离堪萨斯州100英里的小镇。在20岁时，他离开了家庭和亲友来到堪萨斯州讨生活。当时他除了拥有一条小船外，一无所有。工作很难找，而他还要填饱肚子。在跑了几天却仍然一无所获的情况下，他想到了放弃，他想乘自己的小船再回到100英里之外的家乡去。但是，那样的话，自己就必须回到早已厌倦的贫困生活之中，不但不能够帮助家人，而且还要让家人为自己操心。他于是决定留下来，为了能够维持生存，也为了断绝自己再想回家的念头，他卖掉了自己的小船，用那一点点钱维持着自己艰难的生活。这下，他没有了退路，只能前进了。

不久，他终于找到了一份工作。尽管收入很微薄，但是他终于能够在堪萨斯州站住脚了。后来，因为一次偶然的机会，他跻身中产阶级行列。他告诉丹尼斯，如果你没有为一件事情安排时间，就把自己逼到绝境。不得不做的时候，你只有一个选择，那就是马上动手去做。只有这个时候，你

没有了任何的回头路可以走，你才会坚定地朝自己的目标前进下去。很多的时候并不是我们某一个人的毅力不足，一个人不能成功的原因也许是多方面的，但最根本的一点就是你是否在朝着自己的目标一直努力，是否付出了自己全部的力量去努力。

男孩卡片

田径

田径运动是田赛和径赛的合称。它是一种结合了速度与能力，力量与技巧的综合性体育运动。“更高、更快、更强”的奥林匹克运动精神在很多方面都能够通过田径运动得到集中体现。田赛主要指在跑道内部进行的，像跳高、跳远、标枪之类的比赛项目；径赛主要指在跑道上完成的赛跑项目。它是人类在长期社会实践中逐步产生和发展起来的。据记载，最早的田径比赛，是公元前776年在希腊奥林匹克村举行的第一届古代奥运会上进行的，项目只有一个——短距离赛跑，跑道为一条直道，长192.27米。

正是这样的教诲，让丹尼斯一直奋斗在好莱坞的最底层，从一个龙套演员逐渐成为耀眼的明星。

我们在生活中总有一些早就应该去做却一直拖着不去做的事情，尽管这些事情已经影响了我们的生活，但我们总是有一个借口：没有时间，以后再做。其实，这些想做的事，如果你马上动手去做，你的生活就会变得豁然开朗。

成长课堂

我们每一个人都对自己的生活有长远的目标，然而不是所有的人都能将这些目标实现。原因便在于很多的人确定目标以后并不能坚定地朝它努力下去，而轻易就放弃了自己的梦想。让自己确定目标之后马上就去做，也许成功就近在咫尺。

男子汉宣言

我要马上行动，不要无限地拖延，因为梦想不会等我，它要我坚定地追寻。

冲破阻碍的卢梭

卢梭是法国著名启蒙思想家、哲学家、教育家、文学家，他是18世纪法国大革命的思想先驱，启蒙运动最卓越的代表人物之一。同柏拉图、亚里士多德、马克思等人一样，卢梭也是人类有史以来最伟大的思想家和文化英雄之一。在众多伟大的思想家中，只有卢梭是底层出身，小时候没有受过像样的教育，11岁就辍学。他是唯一靠无系统的自学、靠在流浪中接触社会而成就其人格和功业的大思想家。

卢梭1712年6月29日出生于瑞士日内瓦一个钟表匠的家庭。父亲是钟表匠，技术精湛。母亲是牧师的女儿，非常聪明，端庄贤淑，但因生他难产去世。可怜的卢梭一出生就失去了母爱，他是由父亲和姑妈抚养大的。比他大7岁的哥哥离家出走，一去不返，始终没有音信。这样，家里只剩下他一个孩子。

卢梭懂事时，知道自己是用母亲的生命换来的，他幼小的心灵十分悲伤，更加感到父亲的疼爱之情。他的父亲喜好读书，这种喜好无疑也遗传给了他。卢梭的母亲遗留下不少小说，父亲常常和他在晚饭后互相朗读。在这种情况下，卢梭日复一日地读书，无形之中养成了读书的习惯，渐渐充实并滋养了他年幼的心灵。

可是卢梭快活的童年生活很快就结束了。在他13岁时，舅舅决定将他送往马斯隆先生那里，在他手下学当律师书记，希望他能赚点儿生活费用。但卢梭非常讨厌这种只为了赚钱而缺乏趣味的职业，每天琐碎的杂务使他头晕目眩，难以忍受。马斯隆先生也不怎么喜欢卢梭，常常骂他懒惰愚蠢。卢梭无法忍受这种侮辱，便辞掉了工作。

不久，卢梭又换了一个职业，在一位雕刻匠手下当学徒。鉴于以前做书记时

得到的不少教训，所以他对这个新工作依命而行，毫无怨言。有一天，卢梭在空余时间为几位朋友刻骑士勋章，他的师傅发现后，以为他在制造假银币，便痛打了他一顿。其实，当时卢梭年纪很小，对于银币根本没有什么概念，他只是以古罗马时期的钱币形状，作为模型罢了。师傅的暴虐专横，使卢梭对本来喜爱的工作感到苦不堪言。

卢梭开始自谋生活，先后当过家庭教师、书记员、秘书等，同时也广交各方面的人士，尤其是他结识了大哲学家狄德罗。他一边为狄德罗主编的《百科全书》写音乐方面的条目，一边思考当时最重要的文化思想哲学方面的问题。1749年夏天，第戎科学院发布了一个征文启事：《科学和艺术的进步对改良风尚是否有益》。在好友狄德罗的鼓励下，卢梭写下了《论艺术和科学》应征。1750年，他这篇论文获得了头等奖。这一年，他38岁。38岁，有人早已闻名于世，而他才发表自己的处女作！

几年之后，卢梭写下了一系列不朽的文章和著作。1755年，卢梭写了《论人类不平等的起源和基础》，再次获奖。1761年自传体小说《新爱洛依丝》在巴黎出版，1762年，卢梭发表《社会契约论》《爱弥儿》，获巨大成功。

成长课堂

即使出身于贫民的家庭，也不能阻碍卢梭成为一个对时代产生巨大影响的思想家，在颠沛流离的生活之中，卢梭坚定追求理想的脚步给我们昭示了一个深刻的道理，那就是：不懈的努力可以冲破一切阻碍，让你最终到达成功。

男子汉宣言

我要冲破所有的困难，一切苦难都不能阻碍我向未来进军。

读了这么多精彩的故事，和故事中的主人公比起来，你觉得自己能成为一个严于律己的小男子汉吗？不妨来训练营锻炼一下自己吧！

坚守你的高贵

300多年前，建筑设计师克里斯托·莱伊恩受命设计了英国温泽市政府大厅。他运用工程力学的知识，依据自己多年的实践，巧妙地设计了只用一根柱子支撑的大厅天花板。一年以后，市政府权威人士进行工程验收时，却说只用一根柱子支撑天花板太危险，要求莱伊恩再多加几根柱子。伊恩自信只要一根坚固的柱子足以保证大厅安全，他的“固执”惹恼了市政官员，险些被送上法庭。

你知道在这种情况下，莱伊恩是如何做的吗？

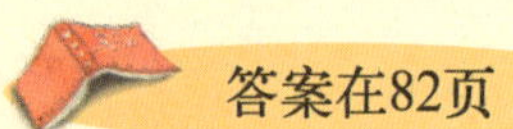
答案在82页

《十个月完成不朽著作》答案：

雨果买了一瓶墨水和一身灰色毛线衣，把平时的衣服脱下来，锁在柜子里，然后他走出房门，把钥匙丢进了湖心，为的是避免受出门的诱惑。为了这个目标，雨果在这五个月里付出了难以想象的努力，几乎从太阳露出第一缕光明开始，他便起床进行创作，一直到半夜还不肯休息，平时吃饭也是请人为他送到房间，就算是吃饭的时候他的脑子里也都是那些故事里的人物和情节。不管他做什么，也不管是任何时候，他从不离开案头。他全神贯注，日夜写作，不觉得疲乏，终于提前两周完成了这部不朽的著作。他买来的那瓶墨水正好用完。最后一滴墨水，写完了最后的一行字。他用短短十个月的时间完成了这部不朽的杰作。

第六章

勇于创新——获得成功的重要条件

以前的我

我总是用相同的方法来解决数学题。

老师表扬了运用新方法解题的同学，却没有我。

现在的我

我翻看书本，努力找出新的解题方法。

我想出了新的解题方法，老师表扬了我。

以前的我

每一次的作文，我写的都很类似。

老师给我写的评语是：作文要有新意。

现在的我

我留心观察身边的事物，写出了一篇好作文。

老师将我的作文作为范文在班上朗读。

以前的我

同学们都去参加小发明活动。

我从来不参加小发明活动。

现在的我

我拿着自己的小发明去参加活动。

我获得了小发明大奖赛的第二名。

以前的我

爸爸和我一起做风筝。

我按照爸爸教的方法做风筝。

现在的我

我自己动脑做出了三角形的风筝。

看着高高飞起的风筝，我兴奋极了。

我能学会很多的手工制作方法，我也能背诵很多的诗词，老师交代的作业我也会按时完成，可是为什么别人总是认为我还不够聪明呢？仔细想一想，原来我只是一个喜欢背诵、喜欢照搬的“好孩子”！我从来没有提出过自己的新想法，也没有对以前的一些方法作出一些改变。我要改变这种情况，我要创新出新的东西，做一个优秀的小男子汉！

1. 遇到相同的问题，我要求自己运用不同的方法去解决。
2. 在写作文时，努力尝试不同的写作方法。
3. 我要琢磨如何废物利用，把废弃的瓶子都利用起来。
4. 对于别人传授的东西，我要有所改进。
5. 我要研究一下如何把玻璃擦得更干净。

从一粒米成功的王永庆

提起台湾首富王永庆，几乎无人不晓。他把台湾塑胶集团推进到世界化工业的前50名。而在创业初期，他做的只是卖米的小本生意。

王永庆早年因家贫读不起书，只好去做买卖。16岁的王永庆从老家来到嘉义开一家米店。那时，小小的嘉义已有米店近30家，竞争非常激烈。当时仅有200元资金的王永庆，只能在一条偏僻的巷子里承租一个很小的铺面。他的米店开办最晚，规模最小，更谈不上知名度了，没有任何优势。在新开张的那段日子里，生意冷冷清清，门可罗雀。

刚开始，王永庆曾背着米挨家挨户去推销，一天下来，不仅累得够呛，效果也不太好。谁会去买一个小商贩上门推销的米呢？可怎样才能打开销路呢？王永庆决定从每一粒米上打开突破口。那时候的台湾，农民还处在手工作业状态，由于稻谷收割与加工的技术落后，很多小石子之类的杂物很容易掺杂在米里。人们在做饭之前，都要淘好几次米，很不方便。但大家都已见怪不怪，习以为常。

王永庆却从这司空见惯中找到了切入点。他对自己提出了新的要求，和两个弟弟一齐动手，一点儿一点儿地将夹杂在米里的秕糠、砂石之类的杂物捡出来，然后再卖。一时间，小镇上的主妇们都说，王永庆卖的米质量好，省去了淘米的麻烦。这样，一传十，十传百，米店的生意日渐红火起来。

王永庆并没有就此满足。他还要在米上下大功夫。那时候，顾客都是上门买米，自己运送回家。这对年轻人来说不算什么，但对一些上了年纪的人，就是一个大大的不便了。而年轻人又无暇顾及家务，买米的顾客以老年人居多。王永庆注意到这一细节，于是主动送米上门。这一方便顾客的服务措施同样大受欢迎。当时还没有“送货上门”一说，增加这一服务项目等于是一项创举。

王永庆送米，并非送到顾客家门口了事，还要将米倒进米缸里。如果米缸里

还有陈米，他就将旧米倒出来，把米缸擦干净，再把新米倒进去，然后将旧米放回上层，这样，陈米就不至于因存放过久而变质。王永庆这一精细的服务令顾客深受感动，因此赢得了很多的顾客。

如果给新顾客送米，王永庆就细心记下这户人家米缸的容量，并且问明家里有多少人吃饭，几个大人、几个小孩儿，每人饭量如何，据此估计该户人家下次买米的大概时间，记在本子上。到时候，不等顾客上门，他就主动将相应数量的米送到客户家里。

王永庆精细、务实的服务，使嘉义人都知道在米市马路尽头的巷子里，有一个卖好米并送货上门的王永庆。有了知名度后，王永庆的生意更加红火起来。这样，经过一年多的资金积累和客户积累，王永庆便自己办了个碾米厂，在最繁华热闹的临街处租了一处比原来大好几倍的房子，临街做铺面，里间做碾米厂。

就这样，王永庆从小小的米店生意开始了他后来问鼎台湾首富的事业。

成长课堂

在竞争激烈的市场中，如何从30家米店里脱颖而出，他从细节入手创新了米店经营模式，虽然改变只是一点点，但是却带来了不一样的口碑，这种改变为他带来了商机，也改变了他的人生。可见，创新不分大小，它的能量都一样的惊人。

一点儿小小的创新也许就可以使你获得全新的成功。

岗本弘夫运用魔术思维闯商海

岗本弘夫在日本商界颇有名望，他曾是一家杂技团的魔术师。后来，因与马戏团老板的矛盾，他毅然离开了演艺界，投身商海。起初，由于不了解市场行情和一些经营奥秘，他的事业并没有大的起色。后来。他想到：魔术虽然是掩人耳目的技巧，而成功秘诀就是靠奇思妙想，把一些似乎不可能做到的事情做出来，并让人无可置疑，为什么不能把这种思维运用到经商中去呢？于是，他开始用心观察生活中的事物，像创作魔术一样寻找经商灵感。

有一次，岗本应邀到朋友家做客，发现他家有一个很大的玻璃鱼缸，里面摆了许多奇形怪状的石头，石缝中寄养着成对的小虾。问过方知，这种生长在南方海礁中的小虾，自幼就有一雌一雄钻进石头缝隙中的习性，长大后困在里面无法出来，只好如此度过一生。人们根据它们的习性，对它们稍加装饰，作为观赏小动物出售。

岗本仔细欣赏了一番，突然产生了一个灵感：龟，在日本人的心目中有着特殊含义，它象征着长寿、吉祥等，如果将龟用小虾的生存方式饲养，便是从一而终、坚贞不渝的实体象征，可以喻为相伴永久、幸福美满、健康长寿，必会成为一种极有卖点的新婚或祝寿礼品。

岗本订购了一批口小肚大的圆形玻璃缸，买来幼小的七彩龟，将一雌一雄放在里面饲养。半年后它们已长得不能再从缸口取出来，此时，他便设计出“偕老同心”、“永世不离”等漂亮装饰拿去出售，立即在东京市场上成为最畅销的结

婚、祝寿礼品。后来，他专门开办了一个七彩龟饲养场，却仍供不应求。

有一年春天，岗本去东京的一家大超市购物，发现一个女顾客正在与营业员争执。原来，这个女顾客在儿童用品柜台买了几盒婴儿用的卫生纸巾，使用时发现，这种纸巾吸水效果非常糟，便拿回来要求退货。岗本灵机一动，他拿过纸巾盒看清地址，立即驱车来到这家工厂。听完经理的诉说，他才知道，由于技术人员疏忽，投料时配错比例，致使这批纸巾出现了严重的质量问题。

“经理先生，这批纸巾一共生产了多少?”岗本问。

“10吨，另外还有几十吨纸浆。”

“能不能让它的效果更好一些?”岗本又问。

“不可能，防水剂的比例过大，无法再分离出来。”经理哭丧着脸答道。

“您误会了，先生，我是说能否进一步增加它不吸水的效果，甚至完全不吸水。”

“当然可以，只要重新搅拌成纸浆，加入防水剂，您这么问是什么意思?”经理有些惊讶。

“太好了，按您刚才说的，达到完全不吸水，我订购20吨，现在就可以签订合同，付给您订金。”

不久，日本进入雨季，各地市场上出现了一种价格非常便宜、用纸制作的一次性雨衣、雨伞，很快销售一空。不必说，这又是岗本奇思妙想的结果。

成长课堂

用心去观察生活，从生活中寻找灵感，不仅能为我们增加财富，也能为我们的生活带来诸多便利。用魔术思维闯商海，其实是用自己的奇思妙想去寻找商机，从而获得成功。

从现在开始，我也要充分开动脑筋，从生活中寻找创造的灵感！

拥有无穷创意的兰德·史密斯

拍立得公司的总裁兰德·史密斯先生可以说是创新人才的典范，在他的大脑中随时都会冒出新奇的点子，而这些点子很大一部分都通过实践为他带来了丰富的财富。

1926年，17岁的兰德还是哈佛大学一年级的学生。一天晚上，他走在繁华的百老汇大街，从他面前驶过的汽车车灯刺得他眼睛都睁不开。他突然灵机一动：有没有办法既让车灯照亮前面的路，又不刺激行人的眼睛呢？他觉得这是很有实用价值的课题。兰德说干就干，第二天便去学校办了休学手续，专心研究偏光车灯的创造发明。

1928年，兰德的第一块偏光片终于制成了。他匆匆赶去申请专利，不料已有4个人申请此项专利。他辛辛苦苦做出的第一项成果就这样白费了。3年后，经过改进的偏光片研制成功，专利局终于在1934年把偏光片的专利权给了兰德，这是他获得的第一项专利。

1937年，兰德成立了拍立得公司。有人把他介绍给华尔街的一些大老板，他们对兰德的才能和工作效率十分赏识，向他提供了375万美元的信贷资金，希望他把偏光片应用到美国所有汽车的前灯上，以减少车祸，保证乘车人的安全。

1939年，“拍立得”公司在纽约的世界博览会上推出的立体电影更是轰动一时。观众必须戴上该公司生产的眼镜才能入场，这又为“拍立得”赚了一大笔钱。

有一次，兰德给他的

女儿照相。小姑娘不耐烦地问："爸爸，我什么时候才能看到照片？"这句话触动了兰德，经过多年高效率的研究，他终于发明了瞬时显像照相机，取名为"拍立得"相机。这种相机能在60秒钟洗出照片，所以又称"60秒相机"。

"拍立得"公司1937年刚成立时，销售额为14.2万美元，1941年就达到100万美元，1947年则达到150万美元，为10年前的10倍。"拍立得"相机投入市场后，使公司销售额从1948年的150万美元猛增至1958年的6750万美元，10年里增长了40倍。

然而兰德并不就此停步，后来他又制造出一种价格便宜，能立即拍出彩色照片的新相机。兰德说："一个企业，不仅要不断地推出新产品，改善人们的生活，给人们带来方便，而且要考虑下一步该怎么办。这样，企业就不会停滞不前，而将永远充满活力。"

当人们问兰德有什么成功奥秘时，他只是笑笑说："我相信人的创造力，它的潜力是无穷的，我们只要把它挖掘出来，就无事不成。"

成长课堂

创造力是上天赐予我们最珍贵的礼物，它能给我们带来许多意想不到的惊喜。但是怎样发掘你的创造力呢？兰德的经验告诉我们：创造并非遥不可及。只要你处处留心，你会发现我们日常生活中处处充满创造的灵感，创造就在我们身边。

男子汉宣言

仔细观察生活，用我的灵感，创造出非凡的发明。

小欧拉智改羊圈

欧拉，瑞士人，是世界数学史上与高斯、阿基米德、牛顿齐名的四大著名数学家之一，被誉为“数学界的莎士比亚”，在数论、几何学、天文数学、微积分等几个数学的分支领域中都取得了出色的成就。不过，这个大数学家在孩提时代却一点儿也不讨老师的喜欢，他是一个被学校除了名的小学生。

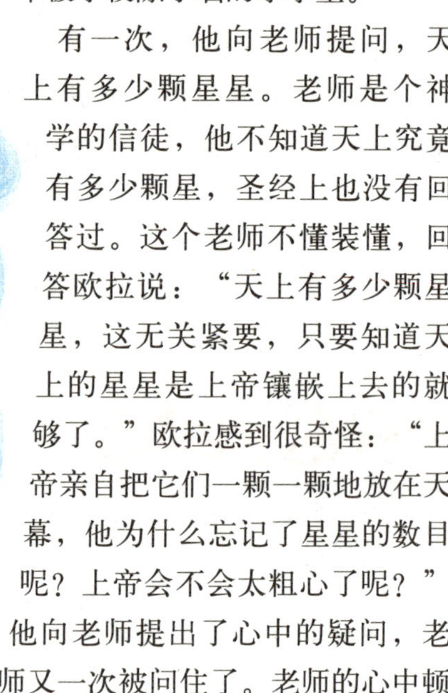

有一次，他向老师提问，天上有多少颗星星。老师是个神学的信徒，他不知道天上究竟有多少颗星，圣经上也没有回答过。这个老师不懂装懂，回答欧拉说：“天上有多少颗星星，这无关紧要，只要知道天上的星星是上帝镶嵌上去的就够了。”欧拉感到很奇怪：“上帝亲自把它们一颗一颗地放在天幕，他为什么忘记了星星的数目呢？上帝会不会太粗心了呢？”他向老师提出了心中的疑问，老师又一次被问住了。老师的心中顿时升起一股怒气，小欧拉居然责怪上帝为什么没有记住星星的数目，这是对万能的上帝提出了怀疑。在老师的心目中，这可是个严重的问题。老师就让他离开学校回家。

回家后无事，他就帮助爸爸放羊，成了一个牧童。他一面放羊，一面读书。他读的书中，有不少数学书。爸爸的羊群渐渐增多了，达到了100只。原来的羊圈有点儿小了，爸爸决定建造一个新的羊圈。他用尺量出了一块长方形的土地，长40米，宽15米，他一算，面积正好是600平方米，平均每一头羊占地6平方米。正打算动工的时候，他发现他的材料只够围100米的篱笆，不够用。若要围成长40

米，宽15米的羊圈，其周长将是110米（15+15+40+40=110），父亲感到很为难，若要按原计划建造，就要再添10米长的材料；要是缩小面积，每头羊的面积就会小于6平方米。

小欧拉却向父亲说，不用缩小羊圈，也不用担心每头羊的领地会小于原来的计划。他有办法。父亲不相信小欧拉会有办法，听了没有理他。小欧拉急了，大声说，只有稍稍移动一下羊圈的桩子就行了。父亲终于同意让儿子试试看。小欧拉见父亲同意了，站起身来，跑到准备动工的羊圈旁。他以一个木桩为中心，将原来的40米边长截短，缩短到25米。父亲着急了，说："那怎么成呢？那怎么成呢？这个羊圈太小了，太小了。"小欧拉也不回答，跑到另一条边上，将原来15米的边长延长，又增加了10米，变成了25米。经这样一改，原来计划中的羊圈变成了一个25米边长的正方形。然后，小欧拉很自信地对爸爸说："现在，篱笆也够了，面积也够了。"父亲照着小欧拉设计的羊圈扎上了篱笆，100米长的篱笆真的够了，不多不少，全部用光。面积也足够了，而且还稍稍大了一些。

父亲感到，让这么聪明的孩子放羊实在是太可惜了。后来，他想办法让小欧拉认识了一个大数学家伯努利。通过这位数学家的推荐，1720年，小欧拉成了巴塞尔大学的大学生。这一年，小欧拉13岁，是这所大学最年轻的大学生。

成长课堂

创意无处不在，在我们生活的每一个角落都有着需要我们打破原有的旧思维模式的地方，而这里就是创意诞生的地方。从追问星星的数目到用不同的边长解决羊圈材料的问题，小欧拉告诉我们要善于创新，创新能够帮助我们更快成功！

我也要让自己的大脑灵活运转起来，在生活中发挥自己的创新思维。

贷款存车的阿尔巴切特

卡尔·阿尔巴切特在2008年《福布斯》全球亿万富豪排行榜中以净资产270亿美元名列第10位，为德国首富。阿尔巴切特出身于一个矿工家庭，自小家境贫寒，而他自己就是从一个小杂货店开始起家，成长为德国首富。这位富豪一向都是以节俭而闻名，有一个有趣的故事正说明了他不仅节俭而且还充满了创新思维。

有一天，德国一家银行的门被打开了，进来了一位表情难以捉摸的人。他的身后带着一股夏日特有的热浪。他走到银行的柜台边，开始和银行职员友好地交谈。他告诉银行职员他要与妻子去巴哈马群岛度假。

他碰到了一个问题。他们的假期要持续3个星期，而他又没有带足够的现金来满足妻子强烈的购物欲望。他想申请3000美元的贷款。银行职员觉得有些迷惑，他对来人说他对他还不够了解，他需要先去做一下背景调查。

利用来人提供的个人信息，职员很快地查对了这个人的背景。实际上此人正是德国首富卡尔·阿尔巴切特。职员一分钟也没有耽误就开始办理贷款业务，在完成了纸面工作之后，他出来见这个人。

因为已经知道了来人的真实身份，年轻的职员觉得有些不好意思，但最后还是张了口：“先生，感谢您照顾我们的生意，并且允许我调查您的背景。您的贷款申请已经准备好了，但是还有一件例行公务。我们要求您提供贷款抵押，虽然

只是一笔很小的贷款，但还是要这样做……我希望您能够理解。”

卡尔·阿尔巴切特笑着说道：“当然，我能够理解……你看，拿我的车做贷款抵押可以吗？”一边说一边指着银行大楼外面的一部崭新的卡迪拉克，那部车在阳光的照射下熠熠生辉。职员咽了口唾沫说：“当然可以，先生。”

3个星期以后，卡尔·阿尔巴切特步入银行的大门。他肤色黝黑，显得神采飞扬。他轻松地取出3000美元现金，放到了柜台上，在文件上签上了自己的名字，然后索取车子的钥匙。在递还车钥匙的时候，年轻的银行职员犹豫了一下，但还是问道：“先生，我有点儿不明白。我后来又查了一下您的资料，您拥有大量的流动资产，随时都有足够的现金。可为什么要申请这么小的一笔贷款呢？”

“除此以外，我想不出别的办法可以泊车3个星期而只交25美元的停车费。”卡尔·阿尔巴切特眨了眨眼，拿起钥匙扬长而去。

银行职员呆在那儿了，25美元刚好是卡尔·阿尔巴切特付的贷款利息。而银行为了车的安全付出的费用是这个数字的很多倍。

成长课堂

在知识经济时代，点子就是财富。年轻人把思维训练得越灵活，步入社会之后，获利的机会就越大，成功的机会就越多。而一个具有逆向思维能力的大脑，则一定会是获得财富的源泉。

男子汉宣言

不要拘泥于形式，学会逆向思考，会有更多的机会属于我。

依靠创意成功的条井正雄

日本冈山市有一栋非常漂亮气派的5层钢筋水泥大楼。这栋大楼就是条井正雄所拥有的冈山大饭店。条井正雄是日本酒店业大鳄，他所拥有的酒店遍布日本各大城市，号称是“日本的希尔顿”。然而，谁也没想到，这位条井当年身无分文却盖起了这栋大楼。

条井以前是一个银行的贷款股长，一直负责办理饭店、旅馆业贷款的工作。10年的工作，使他不知不觉成了一个旅馆经营知识十分丰富的人，这时他心里自然也产生了经营旅馆的欲望。为了求得更完善的方案，他实地做过精密的调查，调查结果显示，来冈山市的旅客，有97%是为商务而来的。然后，他又在公路边站了3个月，调查汽车来往情况，得出每天汽车流动有900辆，每辆车约坐27人，然而当时，冈山市的旅馆却没有一家有像样的停车场设施。他想，将来新盖的饭店，必须具有商业风格，而且附设广阔的停车场，以此来吸引旅客。他又花费1年时间，制成几张十分阔气的饭店设计图纸和一份经营计划书。抱着试试看的心情到冈山市最大的建筑公司碰运气。

一位主管看了他的设计后，问条井：“你准备多少资金来盖这栋大楼？”

“我一分钱也没有，我想，先请你们帮我盖这栋大楼，至于建筑费，等我开业之后，分期付给你们。”条井泰然自若地回答。

“你简直是在白日做梦，真是太天真啦，请你把这个设计图拿回去吧！”主管认为条井的想法简直有一些不可思议，怎么会有人有这样的想法呢？

“这几张图纸和计划书是我花了两年时间搞成的，我认为很完整。请你们详细研究，我以后再来讨教！”条井没有说更多的话，他把设计图丢在那里，掉头就走。

半个月后，奇迹发生了，这个建筑公司约他去面谈。该公司的董事和经理

济济一堂，从上午8点到下午4点，一个接一个地问话，各式各样的提问，那种场面真令人心惊肉跳。他们对于条井这个充满了创意而且史无前例的饭店设计很感兴趣，对这个投资充满了信心。最终，难已令人相信的事终于发生了。建筑公司决定花2亿日元替这位身无分文的先生盖饭店。

北极星

北极星属于小熊星座，距地球约400光年，是夜空能看到的亮度和位置较稳定的恒星。由于北极星最靠近正北的方位，千百年来地球上的人们靠它的星光来导航。北极星是天空北部的一颗亮星，离北天极很近，差不多正对着地轴，从地球上看，它的位置几乎不变，可以靠它来辨别方向。由于岁差，北极星并不是永远不变的某一颗星。

一年后，饭店落成了，条井成了老板。而从这里开始，条井的饭店开始不断扩张，出现在了日本的每一个大城市中，条井正雄也因他那不可多得的创意而成为了日本饭店业的领军人物。

这就是创意所带来的巨大成功。创造性是一种找出问题、改进方法的能力。创造性的发挥并不仅仅局限于艺术领地，各种事业的成功都需要创造力的运用，在经营管理中更是如此。

成长课堂

一个好的创意，并非只是来自于一时的灵感，而是经过了深思熟虑，反复的验证和考察。条井正雄的创意来自于他十年的工作经验，以及两年的辛苦设计，有了这样缜密的思索之后，他的创意才能打动建筑公司为他投资，可见创造性也是需要付出艰辛的劳动的。

男子汉宣言

我要用缜密的思维和非凡的创意，寻找属于我的天地。

巧妙卖画的萨姆·梅塞

萨姆·梅塞是一位风格独特的当代美国画家。擅长人物画，无论是作家、电影明星，还是普通平民、少女、儿童，都是他表现的对象。他的肖像画人物神情奇异，姿态丰富，动作生动，并有些怪诞离奇。他已经成为现今绘画收藏界的一颗新星。然而，他也曾经历过非常艰苦的时期，只是通过他的巧妙智慧，才为他打开了局面，赢得了今天的声誉。

萨姆在美国经济大萧条最严重时住在多伦多，他全家靠救济过日子，那段时间他急需要用钱。萨姆精于木炭画。他画得虽好，但时局却太糟了。他怎样才能发挥自己的潜能呢？在那种艰苦的日子里，哪有人愿意买一个无名小卒的画儿呢？

萨姆可以画他的邻居和朋友，但他们也一样身无分文。唯一可能的市场是在有钱人那里，但谁是有钱人呢？他怎样才能接近他们呢？

萨姆对此苦苦思索，最后他来到多伦多《环球邮政》报社资料室，从那里借了一份画册，其中有加拿大的一家银行总裁的肖像。斯帕克灵机一动，决定在这上面“做点儿文章”。回到家里，他开始画起来。

萨姆画完了像，然后放在相框里。画得不错，对此他很自信。但怎样才能交给对方呢？他在商界没有朋友，所以想得到引见是不可能的。但他也知道，如果想办法与他约会，他肯定会被拒绝。写信要求见他，但这种信可能通不过这位大人物的秘书那一关。萨姆对人性略知一二，他知道，要想穿过总裁周围的层层阻挡，他必须投其对名利的爱好。他决定另辟蹊径，采用独特的方法去试一试。他想：即使失败也比主动放弃强！

萨姆梳好头发，穿上自己最好的衣服，来到了总裁的办公室。

萨姆提出见总裁的要求时，秘书告诉他：事先如果没有约好，想见总裁不太可能。“真糟糕，”萨姆说，同时把画的保护纸揭开，“我只是想拿这个给他瞧瞧。”秘书看了看画儿，把它接了过去。她犹豫了一会儿后说道：“坐下等会

儿，我去通知一声总裁。”

她马上就回来了。“他想见你。”她说。

当萨姆进去时，总裁正在欣赏那幅画儿。“你画得棒极了，”他说，“这张画儿你想要多少钱？”萨姆舒了一口气，告诉他要1000美元，结果成交了。

这件事成为萨姆成功的开端，他开始不断接到邀约，请他为名人作画，而他的绘画风格也开始逐渐被人接受，收藏夹也开始向他招手，萨姆终于实现了自己的梦想。

男孩卡片

022型隐身导弹艇

当世界关注中国海军的目光聚焦在大中型军舰上时，2004年4月，中国某造船厂的船台出现了一种外形前卫、采用新式船舶技术建造的导弹艇。这种导弹艇的首艇舷号为2208，目前人们已将同级艇命名为022导弹艇。022导弹艇的出现，让中国海军导弹艇一改人们心目中“配角”的印象，至今还被各国军方、工业界、媒体和军事爱好者议论纷纷。从种种迹象看，022导弹艇在中国海军中也的确会肩以重任。022导弹艇目前已大量生产并装备部队，是中国海军的水面“狼群”。

成长课堂

用一个不同寻常的开场白，赢得了主人的接待，这就是这位现代画家的敲门方式，这种方式改变了他以前的窘境，让他开始了全新的人生。可见只要我们办法巧妙，就没有办不到的事，也没有敲不开的门。

男子汉宣言

当人生处于困境时，不妨另辟蹊径，或许成功就在转弯处。

读了这么多精彩的故事，和故事中的主人公比起来，你觉得自己能成为一个勇于创新的小男子汉吗？不妨来训练营锻炼一下自己吧！

苹果被冰雹砸伤了

有个专门种苹果的农夫，他种的苹果色泽鲜艳，美味可口，供不应求。

这一年，一场突如其来的冰雹把大多数的苹果都砸伤了，即将成熟的苹果上留下一道道疤痕。这对农夫来说无疑是一场毁灭性的打击，这样的苹果销售商怎么能够接受呢！苹果无法销出，还得赔款。

你知道，农夫是怎么处理这些苹果的吗？

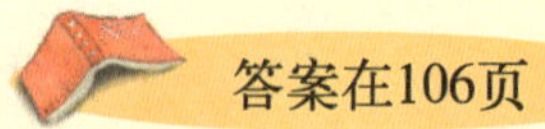
答案在106页

《一个问号引出的科学》答案：

拉曼回到加尔各答后，立即着手研究海水为什么是蓝的，发现瑞利的解释实验证据不足，令人难以信服，决心重新进行研究。他从光线散射与水分子相互作用入手，运用爱因斯坦等人的涨落理论，获得了光线穿过净水、冰块及其他材料时散射现象的充分数据，证明出水分子对光线的散射使海水显出蓝色的机理，与大气分子散射太阳光而使天空呈现蓝色的机理完全相同。进而又在固体、液体和气体中，分别发现了一种普遍存在的光散射效应，被人们统称为“拉曼效应”，为20世纪初科学界最终接受光的粒子性学说提供了有力的证据。

第七章

珍惜时间——获得成功的必要因素

以前的我

每天早上，我都想多睡一会儿。

闹钟响了，我把它关掉。

现在的我

闹钟响了，我准时起床。

穿好衣服，我要开始晨读。

以前的我

我高兴地和小伙伴玩儿游戏。

我经常玩游戏，忘记写作业。

现在的我

我认真地做作业。

做完作业后，我再出去玩。

以前的我

回到家，我立刻打开电视。

我总是看到喜欢的卡通片就忘记了一切。

现在的我

学习时间到了，我准时离开电视。

我认真地坐在书桌前学习。

以前的我

我懒懒地躺在床上。

我总是喜欢把事情往后拖。

现在的我

我做完今天应该做的事情，才去休息。

我仔细地洗着袜子。

为什么我的作业没有做完；为什么我上课迟到；为什么我那么晚还不去睡觉；为什么那么多应该做的事情我都没有去做……出现这些状况的原因，都是因为我没有意识到时间的重要性，不知道珍惜时间。从现在开始，我要改正自己这个毛病，充分利用好每一分每一秒，做一个珍惜时间的小男子汉！

1. 我要给自己上闹钟，不准自己再赖床。

2. 我把每天要做的事情和要看的书都列成表，要求自己每天完成。

3. 不管有多累，都要把今天应该做的事情做完。

4. 每天看完新闻以后，就立刻去学习。

5. 每天都要及时认真地完成作业，不能贪玩耽误时间。

安东尼·罗宾：把时间给重要的事

著名的成功学大师安东尼·罗宾，是一个善于管理时间的人。在他的著作中不止一次地强调了时间的重要性。有一次，他被请去为一所商学院的学生做演讲，他手中没有拿讲义，而是在讲桌上放了一个大大的透明玻璃瓶。

安东尼说："同学们，能教给你们的你们的老师已经都教了。今天，我们来做一个小实验。"学生们都好奇地看着安东尼。只见他从书桌里拿出一堆拳头大的石块，然后一块块放进那个大大的玻璃瓶里，瓶子很快装满了。然后，专家问学生："大家看一看，瓶子满了没有？是不是瓶子再也装不下了？""满了。"所有的学生异口同声。

"真的吗？"安东尼从书桌里拿出了一桶碎石，一点儿一点儿地放进了那个大玻璃瓶，晃一晃，碎石落在了大石头的缝隙里，不一会儿，碎石被全部放进了玻璃瓶。"现在，玻璃瓶里是不是真的满了？还能不能装下东西了？"有了第一次的教训，学生们有些谨慎，没有人回答。只有一个学生小声说："我想应该没有满。"

安东尼用赞许的眼光看了看那个学生，再次从书桌里拿出一杯细沙，缓缓地倒进玻璃瓶，细沙很快填上了碎石之间的空隙，半分钟后，玻璃瓶的表面已经看不到石头了。"同学们，这次你们说瓶子满了吗？""还没有吧。"学生们回答，但是心里却没有把握。

"没错。"安东尼拿出了一杯水，从玻璃瓶敞开的口里倒进瓶子，水渗下去了，并没有溢出来。这时，安东尼抬起头来，微

笑着问："这个小实验说明了什么？"一个学生马上站起来说："它说明，你的时间是可以挤出来的。"

安东尼点点头，说："是的，你说对了一个方面。但最重要的一点，你还没有说出来。"他顿了顿，接着说："它还告诉我们，我们的时间并不是可以随便用的。如果不是首先把石块装进玻璃瓶里，那么你就再也没有机会把石块放进去了，因为玻璃瓶里早已装满了碎石、沙子和水。而当你先把石块装进去，玻璃瓶里还会有很多你意想不到的空间来装剩下的东西。我们的人生，总有重要的事和不重要的事。如果你任由不重要的事占满你的时间，那么那些对你真正重要的事就没有机会去做了。而只有那些真正重要的事才有沉甸甸的分量，足以影响你的一生。大石块就是你生命中重要的事，而碎石、沙子和水是生命中的琐事，有些甚至是可做可不做的。如果你将自己所有的时间都花在这些事上，你就是在浪费时间。在你们走出校门以后，不管你选择怎样的人生道路，你们必须分清楚什么是石块，什么是碎石、沙子和水，还要切记，永远把石块放在第一位，这才是真正对时间的珍惜。"

时间需要我们仔细地规划，认真地利用好它。如何有效地利用好时间，这是每一个人都应该思索的问题，因为这关系到我们的生命是否能够过得更加有意义，也关系到我们是否真正有效地利用好了自己的时间。

成长课堂

在这个世界上，每个人都只有一次生命，时间是人类最宝贵的资源。如果你不能善于利用时间，就只能让你的时间在一堆无意义的琐事上浪费。重要的事情，不管花费的时间多与少，都会对我们的生活产生重大的影响。先做重要的事，才会使你在最大限度上接近成功。

合理分配时间，才是真正利用好时间！

肯尼迪：每一天都是特别时刻

肯尼迪是一个不肯拖延任何事的人，他从来不会犹豫不决。他说每一天都是上帝送给我们的礼物，他从来不肯辜负任何一天的快乐时光。想到什么事，他都会立刻去做，而不是等到什么合适的时间，而且，他也鼓励身边的每一个人都这样做。

他对每一个人说，不要等到“有朝一日”，那一天不会来，想做就现在去做好了。他对每一个犹豫不决的人讲下面这个真实的故事。故事的主人公是他的姨妈，已经在两年前去世。

肯尼迪的姨妈死于心脏病，没有任何预兆，她在去理发的路上突然发病死亡。姨妈去世后，肯尼迪赶去帮忙。姨夫打开了姨妈的衣柜，从抽屉的最底层拿出一个很精致的包裹，打开来，是一件镶有蕾丝花边的精致内衣。内衣没有穿过，连上面的标签都没有撕去，用料考究，价值不菲。姨夫把内衣交给肯尼迪夫人，含泪说：“这是我们去巴黎度假时，你姨妈买的，好几年了，她从来没有穿过，因为她说她想在一个特别的时刻穿上它。其实她不知道，有她的每一天，对我来说，都是特别时刻。我想，现在是她穿上它的时候了。”

肯尼迪夫人将那件内衣连同其他要带去殡仪馆的衣服放在一起。姨夫颤抖的双手在那些衣物上抚摸着，并认真地对他说：不要为任何一个特别时刻珍藏什么，人生的每一天都是特别时刻。这一幕在年轻的肯尼迪心中留下了深刻的印象。

在之后的日子里，因为有了这一句话，肯尼迪的生活彻底改变。他想到了自己一直认为值得去看的电影，值得去听的音乐，值得去拜访的朋友，他从来没有

像这一时刻一样觉得自己的生活里有那么多需要马上去做的事，而不是拖到将来的某一天。

他花了大量时间去读那些过去一直想读的书，而不把时间花在修剪草坪上；他开始花更多的时间和朋友亲人在一起，而将应酬的时间减到最少；他不再为任何一个特别的聚会而珍藏那些银质的盘子，也不会吝惜给自己的夫人买昂贵的香水。

他变成一个更加珍惜现在的人，而不是为了可能出现的某一天而绞尽脑汁。他让生活的每一刻都变成对生命的享受，他让生命的每一天都成为一件别出心裁的礼物，成为一个特别的时刻。

在肯尼迪的回忆录里，他这样说："我把每一天都作为特别的一天来对待，让这一天过得更加有意义，让每一刻都成为生命中最值得回忆的时刻，看上去我浪费了不少的时间，但其实，我才是真正地珍惜了时间。"

成长课堂

有很多事我们总想推到将来的某一天去做。没有人知道将来的某一天到底是哪一天，因为我们的将来有很多个日子，我们有数不清的明天可以选择。可是，生命总是难以预料，也许这些事情会成为我们永久的遗憾。不要总是等待明天，今天、现在就是你最值得珍惜的时刻。

男子汉宣言

我要把每一天都当成特别的一天来对待，让这一天更有意义。

拒绝浪费时间的麦凯文·荣恩

那些在事业上取得一定成就的人都深知时间的价值，他们都能够珍惜时间，善于利用生命里的每一分每一秒。

亚马逊网络书店的创始人之一麦凯文·荣恩曾经是一家小书店的店主，他是一个十分爱惜时间的人。一次，一位客人在他的书店里选书，他逗留了一个小时才指着一本书问店员："这本书多少钱？"店员看看书的标价说："1美元。""什么？这么一本薄薄的小册子，要1美元！"那个客人惊呼起来，"能不能便宜一点儿，打个折吧。""对不起，先生，这本书就要1美元，没办法再打折了。"店员回答。

那个客人拿着书爱不释手，可还是觉得书太贵，于是问道："请问荣恩先生在店里吗？""在，他在后面的办公室里忙着呢，你有什么事吗？"店员奇怪地看着那个客人。

客人说："我想见一见荣恩先生。"在客人的坚持下，店员只好把荣恩先生叫了出来。那位客人再次问："请问荣恩先生，这本书的最低价格是多少钱？""1.5美元。"荣恩先生斩钉截铁地回答。"什么？1.5美元！我没有听错吧，可是刚才你的店员明明说是1美元。"客人诧异地问道。"没错，先生，刚才是1美元，但是你耽误了我的时间，这个损失远远大于1美元。"荣恩毫不犹豫地说。

那个客人脸上一副掩饰不住的尴尬表情。为了尽快结束这场谈话，他再次问道："好吧，那么你现在最后一次告诉我这本书的最低价格吧。""2美元。"荣恩面不改色地回答。"天哪！你这是做的什么生意，刚才你明明说是1.5美元。"

"是的，"荣恩依旧保持着冷静的表情，"刚才你耽误了我一点儿时间，而现在你耽误了我更多的时间。因此我被耽误的工作价值也在增加，远远不止2美元。"

那位客人再也说不出话来，他默默地拿

出钱放在了柜台上，拿起书离开了书店。因为荣恩先生教会了他一个道理，那就是永远不要去浪费别人的时间，在那些珍惜时间的人眼里，浪费别人的时间无异于是犯罪，而这种犯罪也必然是要他来付出代价的。

二代步兵战车

从目前已经公开的资料看，国产第二代步兵战车安装的是号称“火力最强步兵战车”的俄制BMP-3型步兵战车的炮塔和武器系统，但其车体则是我国自行研制的新一代轻型履带式底盘。新步兵战车车体底部呈流线形，整个车体宽约3.5米，整个车体长约6米，高在3米以内。车首有防浪板、车尾部有喷水推进器，说明其具有较强的两栖作战能力。车由履带推进，有6对负重轮、一对推进轮、三对托带轮，负重轮直径约60厘米，履带宽约35厘米左右，为挂胶履带，车底离地高约30厘米。

正是因为这种珍惜时间、一丝不苟的精神，麦凯文·荣恩的书店生意越来越好，而且通过网络把生意做到了全世界，取得了骄人的成绩。

成长课堂

时间永远是我们最宝贵的财富，一旦失去，就永远不会再来。所以，我们每一个人都应该成为时间的“守财奴”，珍惜自己的每一分每一秒。如果我们不能够成为善用时间的好主人，我们就只能为自己失去的时间而叹息，甚至为此付出代价。

男子汉宣言

我要恰当利用好这最宝贵的时间财富，用它来发挥出更多的能量。

“当年明月”：别让时间消磨了你

他普通得不能再普通。

出生在一个平凡家庭的他，过着和同龄人一样的琐碎日子。上学，读书，玩耍，在平淡的岁月中一点点长大。如果非要从他身上找出什么特别之处的话，那就是他对历史的痴迷。刚上小学的时候，当别的男孩儿正拿着变形金刚、仿真手枪满街乱跑的时候，他就独自一人蹲在厨房昏暗的灯光里如饥似渴地读着一本又一本厚厚的史书。

光阴似箭，转瞬即逝。高考之后，他进入了一所普通的高校。大学的生活没有他想象得那么缤纷多彩，大量的业余时间和不确定的未来都让这群天之骄子们手足无措，不知道该如何生活。于是，大多数人都用恋爱、玩网络游戏来消磨自己的时间，混日子。他却是个另类，不谈恋爱，不玩儿游戏，很少和同学一起上街闲逛。只要一有时间，他就一头扎进史书中，乐此不疲。

时光飞快地流逝着，四年的大学生活很快就画上了句号，他顺利地考上了公务员，从此开始了日复一日、年复一年的枯燥生活。

办公室里的同事们一有时间就在一起看看报纸，摆摆龙门阵，打发一下漫长的时光。而性格内向的他仍旧是众人眼中的另类，常常在没工作的时候奋笔疾书，记录着一些有趣的历史故事。

下班之后，他也基本上没什么休闲活动。不是不想，而是实在讨厌那些毫无

意义、吃吃喝喝的应酬。他更愿意把自己关在狭窄的房间里，沉浸在那刀光剑影、富贵浮云的历史往事中。他一直觉得自己的生命不能在这样琐碎无聊的时光中消耗掉，终于有一天，他下决心写一本书。在接下来的日子里，他开始用自己的语言诠释着一段古老的历史。不过，巨大的孤独感也让他窒息，有时候，实在是太孤独了，他就停止写作，骑着自行车在夜市上逛一圈儿，什么也不买，只是想在人群中排遣心中的孤独。

就这样，他利用断断续续的业余时间硬是写出了一本几十万字的书。后来，这本名叫《明朝那些事儿》的网络小说在极短的时间里迅速蹿红，出版社争相和他签订合约，他独特的历史观和丰富的历史知识，还有那俏皮调侃的语言在读者中造成了巨大的轰动。这个网名叫"当年明月"的小公务员一夜之间就成了红透大江南北的人物，使得和他朝夕相处的朋友同事们大跌眼镜。

在谈到自己如何成功的时候，他调侃着说道："比我有才华的人，没有我努力；比我努力的人，没有我有才华；既比我有才华，又比我努力的人，没有我能熬。在他们消磨时间的时候，我却在不停地努力着。"

所谓消磨时间，不过是时间消磨你的另一种说法而已。有心的人，会在平淡琐碎的时光中根植梦想，抓紧时光充实自己，创造机会。最终，他们就会在别人感慨平庸生活的时候，收获成功。

成长课堂

四处闲逛，玩玩儿游戏，看看报纸，摆摆龙门阵，我们的大部分时间就浪费在这些毫无意义的活动中。而《明朝那些事儿》的作者正是在别人消磨时间的时候，不停地努力，写出了这本几十万字的书。抓紧时间，充实自己，不要让时间消磨了你。

男子汉宣言

我要抓紧时间去学习，不断地充实自己，让每一分都有意义。

63岁上岗的“小丁”

一位63岁的老人，怎么会被称为“小丁”？一位63岁的老人本该离休或退休，又怎么会上岗？看来还得从头儿道来。

在中国美术界，有一位非常有特色的画家。在他尖锐、幽默的漫画作品面前，有的人能会心一笑，有的人则羞愧难当，有的人甚至会恼羞成怒。画如其人，他的漫画作品不用署名，很多人都会猜到是出自他的手。他的漫画作品一直用“小丁”署名，人们也一直称他为“小丁”。有时候有人称呼他为“老丁”或“丁老”，他却不知道是在叫谁。他就是63岁重新上岗，至今已是88岁高龄的著名漫画家丁聪。

1916年，丁聪出生于上海，16岁就开始发表美术作品。他19岁中学毕业后，为帮助父亲养家糊口，没有进入大学学习，而是早早儿地走上了工作岗位，走进了当时颇有影响的《良友》画刊社，担任美术编辑，同时还继续创作社会讽刺画。他大器早成，年轻时在上海美术界已崭露头角。

1946年，国民党挑起内战，上海人民掀起了反对内战、争取民主运动的高潮。这个时期，丁聪画了大量的抨击美、蒋搞内战的漫画，反映了民众争取解放、呼唤民主和自由的思想潮流。在当时，丁聪的漫画成了漫画界投入战斗的锐利武器。

不可否认，有的时候个人没办法左右自己的命运。1957年5月，41岁的丁聪以政协委员的身份到南京视察。然而他没想到，在这一次社会活动后不久，他就被打成了右派。从此，“小丁”这个名字也就从画坛上消失，年富力强的

丁聪下岗了。

等到丁聪彻底平反的时候，已经是1979年的春节，时间已经过去了22年。从41岁到63岁，这是人生中多么宝贵的年华！人的一生掐头去尾之后，能有几个22年？丁聪在平反后激动地说："我什么都不干，我要画画儿。人家是60岁下岗，我是63岁上岗。"

"小丁"63岁上岗后，特别珍惜时间，抓紧创作。后来，人们又频频看到署名"小丁"的漫画。人们误以为现在的这个"小丁"绝非过去的那个"小丁"，误以为是丁聪儿子的作品，误以为是子承父业了。因为，丁聪毕竟久违画坛22年。

从"小丁"63岁上岗后，他几乎年年都要出版一本漫画集。

丁聪的漫画，从一个侧面反映了现代的中国历史，从中可以看到20世纪30年代的上海滩、抗战、内战、北大荒劳动改造和改革开放的缩影。无论是在青年，还是在老年，他的漫画都体现出强烈的社会责任感和批判精神，表达着一个漫画家的良知与沉思。

成长课堂

衰老和疾病都是人类的力量所无法抗拒的，每一个人都要面对他们的侵袭，有些人颓然地失败，而有些人却笑迎这一切。如果我们以年龄、衰老作为自己不奋斗的理由，那么损失掉的就是属于我们真正成功的机会。

男子汉宣言

无论是外在还是内在的压力，都将成为激发我斗志的原因。

珍惜时间的莎士比亚

莎士比亚是文艺复兴时期的英国大戏剧家、大诗人，1564年出生，1616年去世。他24岁时开始写作，在短短20年里，写了37部剧本，2部长诗，154篇十四行诗，给后人留下了丰厚的精神财富。他的剧本全都是享有盛名的大作，在欧洲各国反复上演；近百年来又被多次重拍成电影。在中国，莎士比亚的许多剧作同样也是家喻户晓。为了纪念他，众多国家发行了邮票。

马克思称莎士比亚是“人类最伟大的天才之一”。确实，莎翁很有天赋，口齿伶俐，仪态潇洒，具有表演才能。但是，他的成功更多地来自他的勤奋。莎士比亚有句名言：“放弃时间的人，时间也放弃他。”他非常珍惜时间，从不放弃点滴空闲。莎翁少年时代在当地的一所“文学学校”学习，学校要求非常严格，因而他受到了很多的基础教育。在校6年，他硬是挤出时间，读完了学校图书馆里的上千册文艺图书，还能背诵大量的诗作和剧本里的精彩对白。

莎士比亚从小喜爱戏剧。他出生在一个富裕家庭，父亲是镇长，喜欢看戏，经常招来一些剧团到镇上演出。每次，莎士比亚都看得非常入迷。镇上没有演出时，他就召集孩子们仿效剧中的人物和情节演戏。他还自编、自导、自演一些镇上发生的事，很小就表现出非凡的戏剧才能。后来，父亲因投资失败而破产，13岁的莎士比亚走上了独自谋生的道路。他当过兵，做过学徒，当过瓦匠，干过小工，还做过贵族的管家和乡村教师。在为养家糊口的奔波中，他对各种各样的人物进行了细致的观

察，还记录了他们很有个性的对话，这些都为他日后的创作积累了素材。

莎士比亚22岁时来到伦敦。对戏剧的强烈追求，让他在一家剧场里找到了看门的工作。起初，他只是给看戏的达官贵人们牵马看车。之后，他用挣来的小费转付给一些小孩儿帮他完成工作，自己却抓紧时间到剧场里去观看演出。慢慢地，莎士比亚开始在演出中跑跑龙套、当配角。对此，他感到很高兴，因为这样可以使自己能在舞台上更近距离地观摩到演员们的表演。后来，莎士比亚当了“提词”。躲在道具里的他在做好本职工作的同时，还抽空把自己对每个演员演出时的观感记录下来。正当莎士比亚成为正式演员时，欧洲开始流行鼠疫，成千上万的人死去，剧场被迫关门。老板和演员们都出外躲避鼠疫，莎士比亚却选择了留下来看守剧院。在经济极度萧条的两年里，莎士比亚抓紧时间阅读了大量的书籍，整理了自己各个时期的笔记，修改了好几部剧本，并开始了新剧本的创作。等到英国经济复苏、演出重新红火的时候，莎士比亚的剧作一炮打响，他本人也由此成了最杰出的演员。

莎士比亚的成功，在于他懂得珍惜点滴时间进行学习、思索和创作。他的剧作源于生活，高于生活，不仅文字优美、语言丰富、人物个性鲜明，而且对白也极富韵律，使观众很容易从内心里生发出感同身受的情绪。

成长课堂

放弃时间的人，会被时间放弃；不放弃时间的人，也必然获得成功的青睐。莎士比亚作为历史上成就最为卓越的剧作家，他的成功和他珍惜时间的习惯是分不开的，正是因为他对时间的珍视，才激励他不断地创作，写出了诸多的传世之作。

男子汉宣言

珍惜时间，我就会被时间珍惜，会被成功青睐。

争分夺秒的普林尼

古罗马科学家普林尼撰写了一部百科全书式的科学巨著《自然史》，全书37卷，包括天文、地理、动植物、矿物、医学、冶金等各方面的知识，是当时最广博的知识总汇。

普林尼出生于意大利北部的新科莫姆城的一个中等奴隶主家庭，属骑士阶层。少年时代，他到罗马求学。在这期间，他与后来的罗马皇帝提图斯交谊甚笃。普林尼在晚年的时候常常津津乐道地谈到他与提图斯的“共同的营帐生活”。他曾亲自访问过日耳曼人中的乔克人居住的海岸，搜集日耳曼各部落的方言和历史资料。恩格斯在《论日耳曼人的古代历史》一文中曾经指出，普林尼是不仅从政治上、军事观点上，而且从理论观点上对日耳曼产生兴趣的第一个罗马人，他的报道具有特殊的价值，他对日耳曼方言所作的分类符合实际情况。

普林尼从日耳曼返回罗马之后，从事律师工作，同时潜心读书和著述。

公元79年8月24日，附近的维苏威火山大爆发。普林尼为了了解火山爆发的情况，并且救援这一地区的灾民，乘船赶往火山活动地区，因吸入火山喷出的含硫气体而中毒死亡。

普林尼终生未娶。按照他的遗嘱，他把自己的外甥收为养子。他就是著名的小普林尼，全名是盖乌斯·凯基利乌斯·普林尼·塞孔都斯。老普林尼去世时，他18岁。他继承了舅父的全部手稿和摘录材料的笔记，以及他的名字。笔记总数达160卷之多，写满蝇头小字。

普林尼一生手不释卷，学习上刻苦认真，勤于动手，分秒必争。小普林尼对他舅父用功读书的情况，在致友人的信中，作过生动的描述。

小普林尼说，他的舅父把公余的时间全都用于学习，即使是因公旅行途中，他也从不间断学习，总是命令伴读的奴隶拿着书和写字的小板子跟在身旁，他无论读什么书都要作摘录。在吃饭的时候，他一面听奴隶给他读书，还一面做摘要。曾经发生过这样一件事，当朗读的人读错了某一个字的时候，在场的普林尼的一位朋友打断了他，要他重念。普林尼对他的那位友人说，“你不是已经听懂了他读的东西吗，你一打断，又使他少为我们念了十多行字。”

普林尼学习非常珍惜时间的，几乎是争分夺秒。通常是半夜一二点夜深人静的时候起床读书。甚至在洗澡时，也利用时间读书，叫人朗读书给他听。

他最后还是为研究科学而献身。公元79年，维苏威火山爆发，普林尼为险区救人，同时要亲自考察这个罕见的自然现象，冒着生命危险前往探险，结果被火山喷出的毒气窒息而死。

普林尼一生写了7部书，其中6部已经散失，仅存片断，只有37卷《自然史》广为流传。

成长课堂

把一生所有的时间都投入到学习和研究之中的普林尼，可以说为了科学事业奉献出了自己的全部时间，甚至吃饭、洗澡的时间他都不会停止学习，让人为他朗读，正是因为这样争分夺秒的勤奋精神，才使他能够拥有丰硕的成果。如果我们能够像他那样，一定会获得成功。

男子汉宣言

争分夺秒地努力，才能取得更多的成绩。

读了这么多精彩的故事，和故事中的主人公比起来，你觉得自己能成为一个珍惜时间的小男子汉吗？不妨来训练营锻炼一下自己吧！

5分钟5分钟地去练习

卡尔·华尔德曾经是美国近代诗人、小说家和出色的钢琴家爱尔斯金的钢琴教师。有一天，他给爱尔斯金教课的时候，卡尔说："你将来长大以后，每天不会有长时间的空闲的。你可以养成习惯，一有空闲就几分钟几分钟地练习。比如在你上学以前，或在午饭以后，或在工作的休息余闲，5分钟5分钟地去练习。把小的练习时间分散在一天里面，弹钢琴就成了你日常生活中的一部分了。"14岁的爱尔斯金对卡尔的忠告未加注意。后来当爱尔斯金在哥伦比亚大学教书的时候，他想兼职从事创作。可是上课，看卷子，开会等事情把他白天和晚上的时间完全占满了。差不多有两个年头，他一字不曾动笔，他的借口是"没有时间"。

你知道，爱尔斯金之后做出了怎样的举动吗？

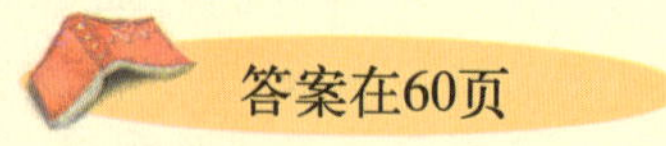
答案在60页

《再试一次就是成功》答案：

以后，每隔半个月，约翰逊就会准时给罗斯福夫人写去一封信，言辞也愈加恳切。不久，罗斯福夫人因公事来到约翰逊所在的芝加哥市，并准备在该市逗留两日。约翰逊得此消息，喜出望外，立即给总统夫人发了一份言辞十分恳切的电报。罗斯福夫人收到电报，看了电文后，心里终于有所触动。这次他的真诚和坚持终于打动了第一夫人，她没有再拒绝。她觉得，无论多忙，自己再也不能说出"不"字了。这个消息一传出去，《黑人文摘》杂志在一个月内，由2万份增加到了15万份。后来，他又出版了黑人系列杂志，并开始经营书籍出版、广播电台、妇女化妆品等事业，终于成为闻名全球的富豪。

第八章
沉着冷静——获得成功的心理因素

以前的我

上台表演时，我不小心摔倒了。

我慌乱间，忘记了要表演的节目。

现在的我

我讲了一个小笑话，缓解了尴尬。

我出色地完成了节目表演。

以前的我

我独自坐电梯回家。

电梯停电，我在黑暗中不知所措。

现在的我

我冷静地按响警铃，等待大楼保安来救援。

电梯打开了，我获救了。

以前的我

我和小伙伴练习跳马。

同学的脚崴了，我只能无助地看着他。

现在的我

我先简单包扎一下，背起他送到医务室。

医务老师夸我处理得很好。

以前的我

我要去商场买东西。

路上看到歹徒抢劫，我慌乱得两脚发软。

现在的我

我跑到不远处拨打110，详细描述了事发地点和歹徒的特征。

那些歹徒被警察叔叔抓住了。

我是一个勇敢的男子汉，总是喜欢帮助别人，但是有些时候，帮忙反而会让我越帮越忙。就譬如上一次有同学的胳膊受了伤，我却还上去扶他，结果疼得他大叫！想起当时的场面，真是让人不好意思啊！在遇到危难情况的时候，我要让自己冷静地面对，找到适当的解决方法，让自己更加有效地去帮助别人，成为一个真正的男子汉！

1. 我熟记各种报警电话，遇到危险情况时一定要第一时间打电话报警。

2. 我要阅读急救知识的书籍，让自己在遇到危险情况时知道该怎么做。

3. 再碰到小偷，我不能光害怕，我要冷静地报警，帮助警察叔叔抓住坏人。

4. 我要了解和认识总电源，学会在紧急情况下关闭总电源。

5. 遇到突发情况，我要冷静分析，然后找出解决问题的方法。

李维斯的成功路

“牛仔大王”李维斯的西部发迹史中曾有这样一段传奇，当年，他像许多年轻人一样，带着梦想前往西部，追赶淘金热潮。

一天，他发现有一条大河挡住了他前往西部的路。苦等数日，被阻隔的行人越来越多，但都无法过河。于是陆续有人向上游、下游绕道而行，也有人打道回府，更多的则是怨声一片。而心情慢慢平静下来的李维斯想起了曾有人传授给他的一个“思考制胜”的法宝，那是一段话：“太棒了，这样的事情竟然发生在我的身上，又给了我一个成长的机会。凡事的发生必有其因果，必有助于我。”于是他来到大河边，“非常兴奋”地不断重复着对自己说：“太棒了，大河居然挡住我的去路，又给我一次成长的机会，凡事的发生必有其因果，必有助于我。”果然，他真的有了一个绝妙的主意——摆渡。没有人吝啬一点点小钱坐他的渡船过河，迅速地，他人生的第一笔财富居然因大河挡道而获得。

一段时间后，摆渡生意开始清淡。他决定放弃，继续前往西部淘金。来到西部，四处是人，他找到一块合适的空地方，买了工具便开始淘起金来。没过多久，有几个恶汉围住他，叫他滚开，别侵犯他们的地盘。他刚理论几句，那伙人就失去耐心，一顿拳打脚踢。无奈之下，他只好灰溜溜地离开。好容易找到另一处合适的地方，但没多久，同样的悲剧再次重演，他又被人轰了出来。在他刚到西部那段时间，多次被欺侮。终于，最后一次被人打完之后，看着那些人扬长而去的背影，他又一次想起他的“制胜法宝”：太棒了，这样在事情竟然发生在我的身上，又给了我一次成长的机会，凡事的发生必有其因果，必有助于我。他兴奋地反复对自己说着，终于，他又想出了另一个绝妙的主意——卖水。

西部黄金不缺，但似乎自己无力与人争雄；西部缺水，可似乎没什么人能想到它。不久他卖水的生意便红红火火。慢慢地，也有人参与了他的新行业，再后来，同行的人越来越多。终于有一天，在他旁边卖水的一个壮汉对他发出通牒："小个子，以后你别来卖水了，从明天早上开始，这儿卖水的地盘归我了。"他以为那人是在开玩笑，第二天依然来了，没想到那家伙立即走上来，不由分说，便对他一顿暴打，最后还将他的水车也一起拆烂。李维斯不得不再次无奈地接受现实。然而当这家伙扬长而去时，他却立即开始调整自己的心态，再次强行让自己兴奋起来，不断对自己说着：太棒了，这样的事情竟然发生在我的身上，又给我一次成长的机会，凡事的发生必有其因果，必有助于我。他开始调整自己注意的焦点。他发现在来西部淘金的人，衣服极易磨破，同时又发现西部到处都有废弃的帐篷，于是他又有了一个绝妙的好主意——把那些废弃的帐篷收集起来，洗洗干净，就这样，他缝成了世界上第一条牛仔裤！从此，他一发不可收拾，最终成为举世闻名的"牛仔大王"。

成长课堂

在生活中遇到难题是不可避免的，当李维斯遭遇到一次又一次的打击时，他没有气馁，而是冷静地寻找更好的办法，一颗冷静的大脑自然可以发现更多的机会，为他带来更多的财富，用坚强的心沉着面对变故，才成就了今天的"牛仔大王"。

男子汉宣言

只要沉着思索，我就可以找到更好的办法。

挑战“不可能”的拿破仑

有一位军事家，他曾经在欧洲大陆所向披靡，他的名字令所有与他为敌的人闻风丧胆，他领导的军队几乎无往不胜，他就是来自于法国科西嘉岛的小个子男人——拿破仑·波拿巴，一个曾经在世界历史上写下重要篇章的伟大人物。

拿破仑·波拿巴的一生颇富传奇色彩，但是任何一个奇迹几乎都是凭他自己的能力和胆识来创造的。他冒着严寒率领军队翻越险峻陡峭、白雪皑皑的阿尔卑斯山，并且打败装备先进的英国和奥地利联军，就是一次极富传奇色彩的经历。

当英奥联军将拿破仑的属下马塞纳将军率领的军队围困在意大利的热那亚时，脾气暴躁的拿破仑·波拿巴被激怒了，他发誓一定要使英奥联军尝到苦头。可是愤怒的拿破仑并没有因此而丧失理智，他清楚地知道，如果马塞纳将军率领的军队不能及时得到增援，那这支精锐的法国军队很可能就要全军覆没。但是要想及时支援马塞纳将军，那他就必须率领军队翻过险峻陡峭、白雪皑皑的阿尔卑斯山。“必须翻过阿尔卑斯山，形势容不得再有半点儿犹豫。”拿破仑神态坚决地对属下们说，然后他果断地下达了命令：“准备好必要的物资，马上全速前进。”

军队开始前进了，拿破仑和属下找来的向导边走边商量具体的行军路线。行军路线很简单，可是真正走起来却没那么容易。皑皑白雪几乎没过了人们的膝盖，有的地方甚至与人们的腰身相齐。很多路段骑着马是不能前进的，拿破仑大多数时候都是和士兵们一样深一脚、浅一脚地攀登着陡峭的山峰。山峰上寒风凛冽，可是拿破仑依然坚定地与士兵们一起前

进。当饥饿袭来的时候，他们只能用力地啃那些已经被冻得坚硬的食物。

就在拿破仑率领军队艰苦地翻越阿尔卑斯山的时候，英奥联军的将领们正围着火炉、喝着美酒嘲笑拿破仑的异想天开。“也许等马塞纳被我们剿灭之后，我们还得派人到阿尔卑斯山上为拿破仑收尸”，其中一位英国军官狂笑着说道，他的话引来了其他军官的一阵阵哄笑。

可是几天之后，这些人再也笑不出来了——拿破仑·波拿巴，这个小个子男人率领的军队如同神兵天降。在这些威武的神兵面前，毫无防备的英奥联军被一举击败。马塞纳将军率领的精锐部队迅速得到支援，法军又一次获得了整个战役的胜利，有人将这次胜利称为“奇迹”。

石缝中的野草，悬崖上的松柏，暴风雨中的海燕……它们并非具有天生的神力，但是它们却创造了人们想象不到的奇迹。这是因为它们具有挑战“不可能”目标的勇气。

成长课堂

被围困的时候不急躁，遇到危险的时候冷静寻求对策，这正是拿破仑的大将之风。这样的一位将领，也必然会取得非同寻常的胜利。我们的生活中也存在着很多的“不可能”，在面对这些“不可能”时，不被吓倒，冷静分析，我们也一定可以战胜它。

男子汉宣言

我不能被那些所谓的“不可能”吓倒，只要我冷静面对，就一定能找到“可能”的办法。

冷静机智的聂耳

聂耳是我国著名的音乐家、作曲家。他童年时代非常喜欢音乐，小小年纪就学会了笛子、三弦、月琴、二胡和小提琴等多种乐器的演奏。在他读小学时，是学校音乐团的出色小指挥和儿童小乐队的组织者。

在小乐队的五六个人中，他和两个哥哥就占了一半。这个小乐队有笛子、二胡、三弦、月琴等乐器，能演奏诸如《梅花三弄》《苏武牧羊》《昭君出塞》《三蝴蝶》等不少旋律优美的民间乐曲。

每当晚风习习，月光皎洁之夜，聂耳的小乐队便奏出悠扬悦耳的乐曲，吸引不少的邻居和行路人前来围观、聆听。每奏完一曲时，热情的听众便齐声喝彩，要求"再来一个！"

后来，聂耳从家乡云南来到上海，在"明月歌剧社"担任小提琴手。由于他琴拉得好，为人又随和，大家都很喜欢他。又因他姓"聂"，占上了三个"耳"字，大家都叫他"耳朵先生"。聂耳听了不但不生气，反觉得这个绰号很有意思。在他的第一首习作歌曲上，就用上了4个"耳朵"，署名为"聂耳"。

聂耳觉得该社的活动背离时代的要求。他以"黑天使"的笔名，发表了《中国歌舞短论》，批评该社负责人黎锦晖搞一些"香艳肉麻的靡靡之音"，并提出应向群众学习，创作出新鲜的艺术作品，但此举却遭到反对。他离开歌剧社后，到英国

人开办的“百代唱片公司”从事音乐创作和伴奏。在短短的8个月里，他创作了《码头工人歌》《毕业歌》《大路歌》等10多首革命歌曲。外国老板看到黄色音乐赚钱，让聂耳写些黄色歌曲，并许给他很高的稿酬。但聂耳断然拒绝了，并立即向老板提出辞职。

在人民剧作家田汉36岁生日时，聂耳带着小提琴来参加祝贺。正在大家兴致极高的时候，突然有人敲门，进来几个不速之客，大家一看就知道是密探，一时都愣住了。猛一下见到这么多的密探进来，有些客人开始慌乱起来，大家都不知道怎么办才好。

这时，聂耳冷静地观察了一下密探脸色，看得出来他们似乎并没有什么依据，只是跑进来查探，于是他拿起小提琴大模大样地拉出一首曲子来，他边拉边唱地围绕这些密探转圈子。于是大家也跟着聂耳唱起来，越唱越有劲，越唱声越大。一时间，室内歌声飞扬。探子看了这情景，交换了一下眼色后，一边嘴里唠叨着：“神经病，简直是一群神经病！”一边灰溜溜地出去了。

探子走出去后，大家都纳闷儿地问聂耳：“刚才你即兴演奏的是什么曲子呀？”聂耳笑着说：“不就是田汉同志36岁生日吗？我只是拉一首祝福的曲子而已。”

大家听了聂耳的话，都哈哈大笑起来，由衷地赞叹聂耳虽然年轻但是却遇事沉稳冷静，一点儿都不慌张，日后必定可以成大器。

成长课堂

临危不乱，向来是中国人衡量一个英雄的标准，聂耳在面对突如其来而又不怀好意的密探时，不慌不忙，没有因此而乱了手脚，却怡然自得地拉起了琴，唱起了歌，这样的沉稳真是青年人中少见的。

我也要临危不乱，做一个沉稳的小英雄。

麦克阿瑟的彼岸

世人都知道道格拉斯·麦克阿瑟将军好大喜功、爱出风头。但即使因此而颇有微辞的同僚，也不得不佩服他擅长表演。与他夙怨很深的马歇尔将军便这样说过："如果脱下军装换上戏服，麦克阿瑟会成为一代名优。"

1944年的秋天，历史又一次为这位"上帝的宠儿"安排了施展演技的舞台。这年10月，美军经过血战从日本人手中夺回了菲律宾，流亡澳洲4年的太平洋战区司令部将迁回该群岛。无疑，迁师之日将被视为太平洋战争的里程碑而得到世人的关注。身为战区总司令的麦克阿瑟激动不已，下定决心借助镁光的闪耀一展威武雄姿。

10月20日，在菲律宾雷特岛的海滩上，站满了翘首南望的人群。尽管将迎庆仪式选在如此荒芜的海隅令人费解，但希冀一睹将军百战而归的热情使人们如期而至。

接近中午，麦克阿瑟的专机终于飞出海际，人们焦灼的心情顿时烟消云散。眼见飞机越来越近，几分钟后，机身符号已清晰可辨。激动的人群张大了嘴巴刚要欢呼，飞机却在半空中一顿，竟落在离岸近百米的洋面上。岸上的人们惊呆了，僵住了大张的嘴巴，目光里满是无助和绝望，仿佛一幕古希腊悲剧即将重演。

随后的几秒钟慢得如同静止。突然，舱门开启，一个熟悉的身躯露了出来。嘴上悠然地衔着那著名的玉米秆烟头，肩上的五颗将星熠熠生辉，这位将军在广袤海面的映衬下，显得越发的自信和神秘。

似乎无视足下海水，麦克阿瑟徐徐走下舷梯，等他站定后，海水已没过腰际。接着，他嘴角抽动了几下，本来微笑的表情忽然沉了下来，露在水面的上身开始雕塑般的移向海岸。脚一踏岸，便振臂高呼："胜利的彼岸，我们到了！"

人们如梦初醒，欢声雷动。

这就是麦克阿瑟煞费心机的杰作：把飞机降在没膝深的海面，然后涉水登岸(当然要穿高统皮靴)，以此象征在他率领下，美军已从海上保卫战转为向日本本土的进攻战。

麦克阿瑟的表演一时间令岸上民众倾倒。但是大家却没有发现，海水已经让他半身湿透。原来，潮汐的变化使预先测定的没膝深海水涨到了腰部，但是身经百战的麦克阿瑟却没有因此慌张，他冷静地从海水中一直走了过来，一边走一边挥动着手，喊出了自己的口号，而岸边的人们完全被鼓舞，却丝毫都没有注意到将军此刻已经湿透了。

成长课堂

突然的变故往往会让人手忙脚乱，但麦克阿瑟不愧是身经百战，在预计的情况发生变化的时候，他还能冷静地面对，根据情况调整自己，让自己不露出任何的尴尬，同时也达到了鼓舞士气的作用。冷静地思考，方能应对突发情况。

男子汉宣言

冷静面对失误，就能巧妙挽回局面。

福特：找到失败的秘密

1905年的一天，美国伊利湖畔繁忙的公路上，发生了一起严重的车祸：两辆汽车头尾相撞，后面又撞上了一连串的汽车，转眼间，公路上一片狼藉，碎玻璃、碎金属片满地皆是。

事故发生以后，除了警察赶到现场以外，还来了一个汽车厂的老板，他就是后来闻名于世的汽车大王亨利·福特。

福特为什么也急匆匆地赶来呢？

原来，这位精明的老板希望从撞坏的汽车上找到一点儿失败的秘密。

福特仔细地搜索着每一辆撞坏的汽车。突然，他被地上一块亮晶晶的碎片吸引住了，这是从一辆法国轿车阀轴上掉下来的碎片。粗看这块碎片，并没有什么特殊之处，然而，它的光亮和硬度使福特感到，其中必定隐藏着巨大的秘密。

于是，福特把碎片拣了起来，放进了口袋，准备带回去好好儿研究研究。

回到公司以后，福特将这块碎片送到了中心试验室，吩咐他们分析一下，看看这块碎片内究竟含有什么东西？

分析报告很快出来了，这块碎片中含有少量的金属钒：它的弹性优良，韧性很强，坚硬结实，具有很好的抗冲击和抗弯曲能力，而且不易磨损和断裂。

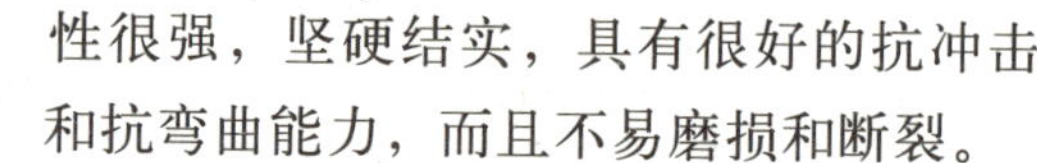

同时，公司情报部门送来了另一份报告，结论认为，法国人似乎是偶然使用了这块含钒的钢材，因为同类型的法国轿车上并不都使用这种钢材。

这一下，福特高兴极了。他下令立刻试制钒钢，结果确实令人满意。接着，他又忙着寻找储量丰富的钒矿，解决冶炼钒钢

的技术难题，他希望早日将钒钢用在自己公司制造的汽车上，迅速占领美国乃至世界市场。

正是这种面对失败也不会气馁，而是冷静分析、寻找原因的精神，让福特汽车公司不断壮大，技术发展速度越来越快，市场份额也在不断扩大。

福特终于成功了。他的公司用钒钢制作汽车发动机、阀门、弹簧、传动轴、齿轮等零部件，汽车的质量得到了大幅度地提高。

几十年以后，福特汽车公司成了世界上最大的汽车生产厂商之一，福特曾高兴地说："假如没有钒钢，或许就没有汽车的今天。"

一件意外发生的时候，不要总是持后悔或者旁观的态度，我们不妨冷静地面对灾难，认真想一想：我能从这一事件中得到什么启示，获得什么经验？也许，改变我们人生的秘密就在这些失败之中隐藏。

成长课堂

当我们面对失败的时候，最没有用的心情便是悔恨，而最有价值的则是冷静的思索。因为失败之中往往蕴含着很多的原因。冷静、仔细地分析这些原因，我们就可以避免下一次再犯同样的错误，也就朝成功又迈进了一步。

男子汉宣言

冷静面对失败，把失败当做是一次靠近成功的机会。

读了这么多精彩的故事，和故事中的主人公比起来，你觉得自己能成为一个沉着冷静的小男子汉吗？不妨来训练营锻炼一下自己吧！

沉着的小英雄

高俊家的邻居是一个六十多岁的老奶奶。老奶奶的子女都在国外，所以只有她一个人单独居住，所以高俊有时间总是会去老奶奶家探望她，和她聊天说话；有时候，妈妈做了好吃的，也会让高俊给老奶奶送去。所以，高俊和老奶奶之间的感情就像真正的祖孙一样真挚。

有一个冬天的傍晚，高俊做完了作业，爸爸妈妈还没有回家来，他就想去隔壁看看老奶奶有没有什么事情需要自己帮她做。可是，高俊来到老奶奶门口，发现门开着，里面还飘出一股怪怪的味道。他轻轻推开门一看，顿时吓呆了——老奶奶晕倒在地上，而屋里是浓浓的煤气味。看来是老奶奶做饭的时候忘记关煤气，导致煤气泄漏，让她晕倒了。

小朋友，如果你是高俊，你会怎么做呢？

答案在30页

《朝鲜的奥斯特洛夫斯基》答案：

朴泰源请人做了一块大小和稿纸差不多的硬纸板，在板上刻下横的竖的空格，装上能固定稿纸的夹子。朴泰源利用自己“发明”的这个工具，又开始了写作生活。妻子每天早晨上班之前，给他准备好纸和笔，晚上回来帮他校对，誊清当天的手稿，然后念给他听。妻子一边念，一边按着他的要求进行修改，直到他完全满意为止。可是正当他在艰难中坚持创作的时候，身体的左半边瘫痪了，不久右半边也完全麻木不能转动了，接着双手也不听使唤了，只剩下一张能说话的嘴。他没有向命运屈服，继续他的创作。他静静地躺在床上，嘴里一字一句地念着小说的情节，让别人记下来。不知过了多少个日日夜夜，长篇巨著《甲午农民战争》的第一卷终于在1977年4月出版了。又经过异常艰苦的三年多时间，小说的第二卷也脱稿出版了。朝鲜政府为此授予他两枚国旗一级勋章，并称誉他为“朝鲜奥斯特洛夫斯基”。